33인 거장들과의 좌충우돌 분투기

청춘, 유럽 건축에 도전하다

고시마 유스케 지음
정영희 옮김

효형출판

내 인생의 그랜드 투어

내 직업은 건축가.

건축가가 되는 건 학생 때부터의 꿈이었다. 하지만 당시에는 그저 막연히 동경만 했지 어떻게 해야 건축가가 될 수 있는지 전혀 몰랐다. 산기슭에 선 채, 저편으로 아득히 보이는 산꼭대기를 올려다보고 있었을 뿐.

그러던 어느 날, 건축을 공부하는 사람은 무슨 이유에선지 여행을 자주 떠난다는 사실을 알게 됐다. 대학 강의를 통해서였다. 옛 건축가들은 로마를 목적지로 한 유럽 건축순례를 했다. 이름하여 그랜드 투어! 이 얘기를 들은 순간 실제 거리에 가서, 실제 건축을 보고, 실제 경험을 쌓고 싶다는 순수한 열망이 내 속에서 움트기 시작했다.

지금은 뭐든지 구글에서 검색할 수 있고, 위키피디아로 의미를 찾아볼 수 있으며, 심지어 스트리트뷰를 통해 거리를 간접 체험할 수도 있다. 그러나 컴퓨터 모니터를 통해 얻은 정보는 직접 경험한 것에 비

하면 겉핥기에 불과하다. 오히려 이런저런 정보에 너무 쉽게 접근할 수 있는 시대이기에 그 장소에 '실제'로 가서 자신의 오감을 펼쳐보는 것이 한층 더 중요해지는 게 아닐까.

이런저런 궁리 끝에 건축에 대한 나만의 기준을 제대로 세우고 싶어졌다. 생생한 체험을 통해 최고의 건축 샘플을 내 안에 확실히 축적하고 싶었다. 그래서 나는 여행을 떠났다.

첫 여행지는 그리스. 건축의 성지인 아크로폴리스 언덕에서 모든 것이 시작되었다. 그 후 여름방학이면 늘 혼자서 여행을 떠났다. 새로 산 빨강 배낭은 너덜너덜해져 어느새 내 등의 일부가 되었다.

대학원을 졸업한 후 나는 독일 베를린에서 일자리를 얻었다. 꿈에 그리던 유럽, 그곳에 여행자가 아닌 생활자로 근거지를 마련하게 된 것이다. 게다가 독일 법률은 연간 20일의 유급휴가를 덤으로 선물해주었다. 휴가 때마다 부지런히 유럽을 돌며 관심 가는 건축을 보러 다녔다.

건축 공부란 단지 설계사무실에서만 하는 게 아니라, 자신의 감성이 이끄는 대로 걷고 호흡하는 행위를 통해 이루어지는 것이라 믿고 있었다. 그를 통해 설계자에게 있어 가장 중요한 '타자에 대한 상상력'을 키울 수 있을 거라는 기대도 했다.

이 책에 담겨 있는 것은 그렇게 쌓여간 내 나름의 경험, 이른바 '건축 수행'의 과정이다. 각지의 건축과 마주하며 상상해보았던 설계자의 의도, 스케치할 때마다 나누었던 무언의 대화. 동시에 베를린 설계사무소의 대표로부터 받았던 기본적인 가르침, 실무 경험을 통해 배웠던 것들. 6년간의 대학 시절과 4년간의 베를린 생활, 총 10년이라는 세월 동안 걸었던 길이 여기에 담겨 있다. 그리고 나는 지금도 그 연장선상에 서 있다.

4년간의 베를린 생활을 마치고 돌아와 여전히 건축 수행을 하고 있다. 일본에서 설계사무실을 연 내게 사상가인 우치다 타츠루內田樹 씨

가 큰일을 맡겨주었다. 자택 겸 합기도 도장인 '개풍관凱風館'의 설계였
다. 행운이었다. 이것이 건축가로서 내가 맡은 첫 일이었다. 그 과정에
서 수많은 '처음'과 직면했다. 그때마다 나는 유럽에서 만났던 건축들
을 수없이 떠올렸다.

　　직접 설계를 하다보니 '건축'의 본질이 어슴푸레하게나마 보이기
시작했다. 그리고 그 과정에서 또 다른 문이 내게 열리기 시작했다. 계
속해서 새로운 것들을 만나고 발견할 수 있었던 것은 분명 유럽에서 직
접 부딪치며 배운 건축 수행 덕분이었다.

　　모든 것이 시작되었던 그때의 체험을 엮은 이 책을 통해 내가 느꼈
던 흥분을 모두와 함께 공유할 수 있으면 좋겠다.

　　자, 여행의 시작이다. 부디 마음 깊이 즐겨주시길!

차례

MAJESTIC CAFÉ
Porto

1

베를린 캔버스

중고 자전거 한 대를 샀다. 근처 자전거포에서 55유로. 짙은 회색 프레임에 페달을 반대로 밟으면 브레이크가 잡히는 자전거였다. 바람을 가르듯, 어디에 가건 그 녀석을 타고 신나게 돌아다녔다. 평지가 많은 베를린은 언덕이 많은 도쿄보다 자전거 타기 좋은 곳이었다. 돌바닥 길에서 전해지는 진동은 마치 도시의 고동소리인 듯 마음을 들뜨게 했다.

베를린에서 보낸 4년 동안 정말이지 많은 곳을 돌아다녔다. 특히 중심가 관광지인 하케쉐르 마르크트Hackescher Markt에서 젊은이의 거리로 유명한 크로이츠베르그Kreuzberg까지는 내 단골 코스였다. 맥주병 조각을 잘못 밟아 타이어가 찢길까 조심하며 달리다가, 호기심 가는 서점이나 잡화점을 발견하면 자전거를 멈추었다. 그곳에서 기묘한 모양의 컵이나 멋진 문구류를 보면 굉장한 인연이라도 만난 듯 설레었고, 활달한 터키인이 만들어준 케밥을 먹으면 기분마저 좋아졌다. 걷는 것보다는 빠르지만 자동차보다는 천천히 달리는 자전거. 그것이 나의 베를린 생활에 딱 맞는 속도였다.

베를린의 하늘이 깨끗하게 보이는 곳을 발견한 것도 자전거를 타고 거리를 산책하던 중이었다. 마우어 파크Mauer park가 바로 그곳이었다. 우리말로 옮기면 '벽 공원'. 물론 여기서 말하는 '벽'은 이 거리를 동서로 나누었던 옛 베를린 장벽이다. 그러니까 마우어 파크는 역사적인 장벽의 일부가 아직도 남아있는 공원인 것이다. 그러나 말만 거창하게 베를린 장벽이지, 언뜻 보기에는 단순한 노출 콘크리트 덩어리로밖에 보이지 않았다. 게다가 몇 겹이나 스프레이 낙서가 되어 있어, 거리 여기저기서 마주치는 조악한 벽과 다를 바 없어 보였다.

마우어 파크는 매주 일요일에 열리는 벼룩시장으로도 유명하다. 그러나 나에게는 '약간 가파른 언덕'이 있다는 게 가장 큰 매력이었다. 지형이 평평한 베를린에서 그런 언덕은 대단히 귀중했다. 신기하게도 거기서 바라보는 베를린 하늘은 투명한 광택을 지닌 은색으로 빛났다. 맞은편으로는 바늘에 꽂힌 골프공처럼 생긴 베를린 TV 송신탑도 보였다.

언덕 위에는 굵은 밧줄 두 개에 나무판자를 달아놓은 쓸쓸한 그네가 있었다. 베를린 생활을 시작한 지 얼마 되지 않았을 때, 나는 자주 그곳을 찾았다. 천천히 흔들리는 그네에 몸을 맡긴 채 은빛 하늘을 보고 있으면, 앞으로 베를린에서 펼쳐질 건축가 수행에 대한 기대로 가슴이

유리창 너머로 찍은 베를린 TV 송신탑

뛰곤 했다. 공원에서 노는 아이들 소리를 들으며 해 질 녘의 말간 빛에 휩싸여 있으면, 이 세계가 조금씩 그러나 착실하게 움직이고 있다는 사실을 자연스레 느낄 수 있었다. 끝없이 펼쳐진 아름다운 하늘 아래 서 있으면 한없이 자유로운 느낌이 들었다. 광대한 하늘이 가만히 내 등을 밀어주고 있는 것 같아 무한한 자신감이 끓어오르기도 했다.

그 무렵 나는 새로운 내가 되고 싶어 이전까지는 듣지 않던 클래식 음악 감상에 도전하고 있었다. 아무것도 모른 채 베를린의 음반가게에서 글렌 굴드의 두 장짜리 CD를 샀다. 바흐의 골드베르크 변주곡. 글렌 굴드의 데뷔작인 최초의 녹음(1955년)과 유작이 된 마지막 녹음(1981년)이 각각 수록되어 있는 음반이었다. 재즈만 듣던 내가 클래식을 이해할 수 있게 된 건 글렌 굴드의 그 명반 덕분이었다. 특히 데뷔 음반은 넘치는 재능이 건반 위로 용솟음치는 것 같았다. 거의 매일 들으며 넋 놓고 감동하고는 했다.

이어폰에서 흘러나오는 글렌 굴드의 피아노 연주를 들으며 기분 좋게 자전거 페달을 밟고 있을 때의 일이었다. 번화가인 운터 덴 린덴 Unter den Linden에 있는 훔볼트 대학교 앞 오페라 광장에서 이상한 구멍을 발견했다. 해 질 녘의 어슴푸레한 광장 한가운데 구멍에서 푸르스름한 빛이 새어나왔다. 가까이 가서 들여다봤다.

아무것도 없었다. 보이는 것이라곤 형광등 불빛을 받고 있는 새하얀 책장뿐이었다. 갑자기 나타난 공극空隙을 강화유리 너머로 멍하게 바라볼 수밖에 없었다.

그것이 '텅 빈 도서관'이라는 설치미술 작품임을 알게 된 건 나중

일이었다. 이스라엘 예술가 미하 울만Micha Ullman의 작품이었다.

1933년, 독일이 자랑하는 홈볼트 대학 앞 오페라 광장에서 히틀러의 지령에 따라 '분서焚書'가 자행되었다. 사회주의 사상가 칼 마르크스, 극작가 브레히트등 유태인이 쓴 책들이 모조리 불살라졌다. 나치는 이 책들을 '비非 독일적 정신'이라 낙인찍고, 독일사회에서 배제할 목적으로 화형시켰다. 울만은 이 수치스러운 행위를 잊지 말자는 의미로 작품을 설치한 것이다.

아무것도 없는 새하얀 도서관을 보여주면서 지성의 기록인 책을 불사르는 만행을 비꼬아 표현한 울만의 예술작품. 그의 작품이 가르쳐 준 건 부정적인 유산을 대하는 독일인의 자세이다. 이는 건축이 '기억의 그릇'이 될 수 있다는 것을 보여준다.

미하 울만은 야만적인 문명 학살을
텅 빈 도서관으로 표현하였다.

독일인의 자세를 엿볼 수 있는 또 하나의 예가 있다. 서 베를린에 있는 카이저 빌헬름 기념 교회Kaiser Wilhelm Gedächtniskirche다. 그곳에서는 반쯤 부서진 교회와 새롭게 만들어진 교회, 즉 과거와 현재의 교회 두 채가 나란히 서 있는 묘한 풍경과 만날 수 있다. 제2차 세계대전 때 폭격으로 부서진 교회를 재건하는 설계공모전에서 독일인은, 낡은 건물을 해체하지 않고 그대로 남겨둔 채 그 옆에 새로운 교회를 세우는 계획안을 채택했다. 푸른색 스테인드글라스로 내부를 장식한 새로운 예배당과 감수성을 자극하는 일대의 풍경은 보는 이의 넋을 잃게 만든다.

부정적인 역사를 '눈 가리고 아웅'하지 않고 정직하게 드러낸 채 진지하게 마주하는 자세에 감동받았다. 텅 빈 도서관도 그랬고 카이저 빌헬름 기념 교회도 그랬다. 이는 오래되고 상한 대들보에 나뭇결이 아름다운 새 편백나무를 덧대 소중히 다루는 것과 같은 일이다. 베를린이라는 도시가 역사를 대하는 태도에서 느껴지는 것은 사람도 역사도 완벽할 필요는 없다는 자세, 무엇보다 '타인(타국)과 달라도 괜찮다'고 하는 메시지 같은 것이다. 서로 다른 것들이 공존하고, 과오를 인정하며 끌어안고 가는 이 거리에는 다양성이라는 꽃이 활짝 펴 있다. 베를린에 흘러가고 있는 '지금'이라는 시간 속에서 '과거'를 착실히 느낄 수 있었고, 바로 그 이유 때문에 두근거리는 '미래'의 기운도 감지할 수 있었다.

그렇게 생각하니 베를린에 온 지 얼마 되지 않았을 무렵의 일도 이해가 간다. 독일 친구들에게 가볼 만한 곳을 소개해달라고 부탁하면 하나같이 '강제수용소'를 안내해주곤 했다. 이는 과거의 잘못까지 포함한, 자기 역사에 대한 그들의 솔직한 자긍심 표명처럼 느껴졌다.

카이저 빌헬름 기념 교회.
엣것에 대한 존중과 부끄러운 과오를 있는
그대로 인정하고 되풀이하지 않으려는 진지한
자세가 느껴진다.

이렇듯 복잡한 매력을 발하는 성숙한 도시 베를린. 이 도시에 살게 된 건 건축설계사무소 자우어브루흐 허턴 아키텍츠Sauerbruch Hutton Architekten에 인턴으로 채용되었기 때문이다. 이곳은 베를린 중앙역 근처에 사무실을 둔 독일을 대표하는 건축설계사무소 중 하나다. 내가 소속된 곳은 설계공모 부서의 한 팀이었는데, 다행히 외국인이 많아 영어로 의사소통을 하는 유일한 부서였다.

제일 처음 맡은 일은 선배 건축가들과 함께 스위스 취리히에 세워질 고층 빌딩의 국제설계공모전을 준비하는 것이었다. 마감까지 남은 시간은 2주일. 즉시 작업에 착수했다. 일본과는 다른 모형 재료와 익숙하지 않은 도구에 당황하면서도 필사적으로 모형을 만들었다. 치밀한 모형을 만들어, 야무진 손끝과 정확한 일솜씨를 보여주려고 노력했다. 입단 테스트를 거쳐 영입된 야구선수가 주전 자리를 차지하기 위해 스프링캠프에서 자기 실력을 증명하려는 심정과 비슷하지 않았을까? 모형을 만드는 동시에 컴퓨터 제도 시스템인 CAD 공부도 시작했다. 도쿄의 대학에서는 오직 평행자와 제도판만 썼기 때문에 컴퓨터로 도면을 그린다는 것 자체가 완전히 미지의 영역이었다.

입사 3일째 되던 날, 두 명의 대표와 처음으로 만났다. 자우어브루흐 허턴 아키텍츠는 독일인 건축가 마티아스 자우어브루흐Matthias Sauerbruch와 그의 파트너인 영국인 건축가 루이자 허턴Louisa Hutton이 설립한 설계사무소로, 직원을 채용할 때는 다른 건축가가 면접을 담당하고 있다. 회사 대표들과의 첫 만남이었기에 설렘과 긴장이 교차했다.

"미스터 자우어브루흐, 미세스 허턴, 일본에서 온 고시마 유스케입니다. 잘 부탁드립니다."

"환영하네. 편하게 마티아스, 루이자라고 불러주게."

그때 '여기에서는 성이 아니라 이름으로 서로를 부르는 건가' 하는 놀라움과 함께 내가 일본을 떠나 먼 곳에 와 있다는 사실을 분명하게 실감했다. 그리고 사진으로만 봤을 때는 조금 차가운 이미지라 은근히 걱정했는데, 막상 만나보니 다정하고 신사적이라 안도했던 기억이 지금까지 남아 있다.

설계공모전은 하나의 프로젝트를 두고 여러 건축가가 건축계획안을 제출해 심사받는 것을 말한다. 그 결과 심사위원에게 1등으로 뽑힌 것만 실제 건축물로 만들어진다. 심사위원장의 말 한마디로 결과가 좌우되는 경우가 많아 공정한 방식인지에 대해 이견도 많지만 건축가가 좋은 일감을 따내기 위해서라면 피할 수 없는 과정이다. 대형 설계사무소의 경우 3주에 한 건 정도 설계공모전 마감에 매달릴 만큼 여러 설계공모전에 참가하고 있다.

당연한 말이지만, 마감이 다가오면 설계안의 완성도를 조금이라도 높이기 위해 막판 총력전을 펼친다. 공모전의 결과는 회사 입장에서도 사활이 걸린 문제이기 때문에 대표도 전력을 다한다. 중요한 건 우리의 설계안이 의뢰인의 요구에 얼마나 잘 맞아떨어지느냐는 것뿐만 아니라, 그들의 상상을 뛰어넘는 제안을 담고 있느냐 하는 것이다. 작품의 완성도를 높이기 위해 외벽 소재나 색감을 바꾼 수많은 유형의 모형을 만들고 검토한다. 마지막의 마지막까지.

그러던 중 마티아스가 내가 만든 모형을 칭찬해준 일이 있었다. 무

자우어브루흐 허턴 아키텍츠의 대표작
GSW 본사 빌딩

척 사소한 칭찬이었지만 그 순간만큼은 심장이 터질 듯 고동쳤다. 여행 가방 하나 들고 혼자 베를린에 온 나는 이곳에서의 일을 통해 내 존재 가치를 확립해갈 수밖에 없었다. 그제야 비로소 베를린에서 살아가기 위한 진정한 열쇠를 거머쥔 것 같았다.

눈 깜짝할 사이 두 달이 흘렀다. 공모전을 준비하면서 짬짬이 공부 한 덕에 어찌어찌 컴퓨터로도 도면을 그릴 수 있게 됐다. 하지만 손으로 그릴 때와는 스케일이 달라 적응이 쉽지 않았다. 건축 도면은 실제 건물의 크기를 50분의 1이나 100분의 1 정도로 축소해서 그리는 것인데, 컴퓨터 도면상에서는 자유롭게 선을 그릴 수 있는 반면, 프린트하기 전까지는 내가 그리고 있는 선의 굵기가 어떤지 정확히 가늠하기 어려웠다. 게다가 마우스를 클릭하며 모니터 속에 도면을 그리는 것과 제도용 자에 가는 샤프펜슬을 대고 움직이는 것은 신체감각이 전혀 다르기 때문에 익숙해지기까지 고생을 좀 했다. 그러나 그 속에서 점차 감을 잡아갔고, 내가 그려야 하는 대상의 본질은 바뀌지 않음을 깨닫게 되었다. '평면도'가 '플로어 플랜'이라 불려도 그 말이 가리키는 바는 동일하니까. 어디까지나 도구와 언어가 바뀐 것뿐이니까. 어느덧 나는 그렇게 생각할 수 있게 되었다.

그러던 어느 날, 마티아스가 방으로 불렀다.

"유스케, 열심히 해주고 있군. 여기 생활에도 이제 좀 익숙해졌나? 이번 달부터 자네를 인턴이 아니라 건축가로 정식 채용할 생각이야. 앞으로도 계속 열심히 해주게."

진정한 의미에서 사회인으로 첫발을 내디딘 순간이었다. 이제부터는 누가 시켜서 하는 일이 아니라 내 스스로의 일이라는 자각도 그 때서야 명확히 들었다. 인턴과 정식 건축가는 월급에서도 꽤 차이가 났다. 지금까지는 베를린의 저렴한 월세 덕분에 어떻게든 생활을 이어온 것에 불과했다. 하지만 이제부터는 땅에 발을 딛고 제대로 자리 잡게 된 것이다.

가슴 속에 차오르는 기쁨을 안고 집으로 돌아가던 길, 덜커덩대는 돌바닥 길을 자전거로 달려 마우어 파크로 향했다. 언덕 위 그네에 도착해서는 깊게 심호흡을 했다. 멀리 TV 송신탑이 보였다. 넓은 하늘은 역시나 은색으로 빛나고 있었다. 마치 은색 캔버스가 앞으로 펼쳐질 베를린 생활에 대한 그림이 그려지기를 기다리고 있는 듯했다.

틀림없이 그곳은 나의 출발선이었다. 두둥실 흘러가는 구름을 보며 새로운 생활에 대한 기대로 가슴이 부풀어 올랐다. 나는 그네를 힘차게 밀어 올렸다.

Architecture Note

마우어 파크
Mauer park

베를린 장벽이 무너지고 남은 300m의
장벽을 이용하여 조성한 공원이다. 장벽은
그래피티 아티스트들이 그린 다양한
그림으로 채워져 있다. 매주 일요일 베를린
최대의 벼룩시장이 열리며 곳곳에서 다양한
퍼포먼스와 공연이 펼쳐져 축제 현장을
방불케 한다. 베를린 시민의 산책 코스로도
각광받고 있다.

위치 : 독일 베를린

©Eichental

©Kindrob

베를린 TV 송신탑
Berliner Fernsehturm

탑 꼭대기의 안테나까지 포함해 높이 368m로 독일에서 가장 높은
건축물이다. 베를린 시가지뿐 아니라 시 외곽에서도 보인다. 분단
시절 동독 정부가 베를린을 상징할 만한 건축물로 이 탑을 지었다.
탑에는 전망대와 레스토랑이 있으며, 약 203m 높이에 위치한
전망대에서는 탁 트인 시야로 베를린 전경을 감상할 수 있다.

위치 : 독일 베를린
준공 : 1969년
건축가 : 헤르만 헨셀만(Hermann Henselmann), 예르크
슈트라이트파트(Jörg Streitparth), 프리츠 디터(Fritz Dieter), 귄터
프랑케(Günter Franke), 베르너 아렌트(Werner Ahrendt)

텅 빈 도서관
Bibliothek Memorial

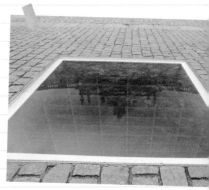

1933년 5월 10일 나치를 추종하는 대학생과 교수 들이 2만여 권의
책을 도서관 앞 광장(현 베벨 광장)에서 불태웠다. 책을 불태웠던
광장의 도서관은 현재 훔볼트 대학교 법대 건물로 쓰이고 있다.
베벨 광장에 설치된 텅 빈 도서관은 1933년의 분서와 같은 행위가
되풀이되어서는 안 된다는 경고의 의미를 담고 있다. 가로, 세로
1.2m의 반투명한 유리판 아래 지하 공간에는 하얀 색의 텅 빈
서고가 있으며 밤에는 조명이 켜진다.

위치 : 독일 베를린
준공 : 1995년
건축가 : 미하 울만

©Wolfsraum

©GerardM

카이저 빌헬름 기념 교회
Kaiser Wilhelm Gedächtniskirche

독일 최대의 번화가인 쿠담 거리(Kurfurstendamm Street)에 있다.
독일을 통일한 빌헬름 1세를 기념해 신 로마네스크 양식으로 지었다.
제2차 세계대전 당시 폭격으로 파괴되었지만 전쟁의 참혹함을
기억하기 위해 현재까지 그 모습 그대로 두었다. 대신 바로 옆에
육각형으로 새로운 교회를 지었다. 새 교회는 푸른빛의 돌 유리로
되어 있어 안에 들어가면 신비롭고 환상적인 공간 체험을 하게 된다.

위치 : 독일 베를린
준공 : 1895년(구관), 1963년(신관)
건축가 : 구관−프란츠 슈베츠텐(Franz Schwechten),
　　　　　 신관−에곤 아이어만(Egon Eiermann)

2

유럽으로 가는 편도 티켓

왜 베를린이었을까? 그야 물론 자우어브루흐 허턴 아키텍츠가 베를린에 있었기 때문이다. 하지만 처음부터 자우어 브루흐 허턴 아키텍츠만을 목표로 했던 건 아니었다.

'유럽에서 일하고 싶다', '내가 모르는 넓은 세계를 보고 싶다'는 꿈을 이루기 위해 제일 처음 했던 일은 편지 쓰기였다. 곧 가능할지도 모르는 내 미래를 몽상하며, 도쿄 니시오치아이西落合의 원룸 아파트에서 써내려간 편지들. 몽블랑 만년필로 새하얀 편지지를 빽빽하게 채워나갔다. 잉크는 블루블랙. 수신인은 스위스와 독일, 핀란드 세 나라에 있던 다섯 명의 존경하는 건축가들이었다.

"대학원을 갓 졸업한 일본인입니다. 건축가가 되고 싶어서 공부했습니다. 여행을 하다가 당신의 건축과 만났고, 그 훌륭한 공간에 마음 깊이 감동했습니다. 당신과 함께 일하고 싶습니다."

이런 식의 직설적인 내용이었다. 그때 내 나이 스물넷. 무서울 것 하나 없었다.

편지와 간단한 사진이 들어간 작품 리스트를 우편으로 보낸 후, 본격적인 행동에 돌입했다. 완성한 지 얼마 되지 않은 석사 졸업 설계를 포함해 대학 시절의 설계 과제를 한 권의 작품집으로 묶었다. 내가 동경하는 건축가들에게 보일 포트폴리오다! 그렇게 생각하니 자연스레 의욕이 불타올랐고 꽤 공들인 작품집이 만들어졌다. 여행가방에 그 작품집을 소중히 넣고는 바로 유럽으로 향했다.

그렇지만 기대감으로만 가득했던 건 아니었다. 나리타 공항으로 가는 길 내내 추적추적 내리던 비. 그 비를 보며 '마치 거리 전체가 울고 있는 것 같다'는 말도 안 되는 생각을 할 만큼, 일본을 떠난다는 사실에 제법 감상에 젖기도 했다. 불안하지 않았다면 거짓말이다.

첫 목적지는 이탈리아 밀라노로 정했다. 대학 친구인 구즈하라가 밀라노에서 유학 중이었기 때문이다. 구즈하라는 건축학부를 졸업한 후 대학원에 진학하지 않고 밀라노의 유명한 디자인 학교 도무스 아카데미Domus Academy에 입학했다. 아마도 3학년 여름방학을 시작할 무렵이었던 것 같은데, 갑작스레 그는 이탈리아에서 살고 싶다는 이야기를 꺼냈고, 졸업 후 그 생각을 진짜로 실천해버렸다. 생각을 실천으로 옮기는 법을 가르쳐준 친구와 만나, 내 심정을 털어놓고 싶었다. 그리고 앞으로 어찌 될지 모르는 구직활동에 대한 용기를 얻고 싶었다.

명문 축구클럽 AC밀란의 본거지인 산시로 스타디움San Siro Stadium 근처 맨션에서 독신 생활을 훌륭히 해내고 있던 구즈하라는 이탈리아어에도 제법 숙달되어 있었다. 멋있었다. 구즈하라는 밀라노에서 스물다섯 생일을 맞이한 나를 운하 옆 멋진 레스토랑으로 데려가 저녁을 사주었다. 나는 '유럽을 여행지가 아닌, 생활의 거점으로 삼겠다'는 새로운 목표를 다짐했고, 그는 내 등을 두드리며 격려해주었다.

다음 날, 한결 홀가분해진 마음으로 스위스로 향했다. 제1지망의 건축가, 페터 춤토르Peter Zumthor가 일하는 사무실 문을 두드리기 위해.

그랬다. 그때 나의 제1지망은 페터 춤토르의 건축설계사무소였다.

나는 지금도 그날의 기억을 잊지 못한다. 2000년 여름, 빨강 배낭 하나 메고 혼자 떠난 여행에서의 일이다. 스위스의 빙하특급열차를 타고 산 위에 있는 교회를 보러 갔다. 역에 내렸을 때에는 정말 여기가 맞는 건지 순간 불안했다. 주위를 둘러봐도 아무것도 없었다. 하지만 금세 마음을 고쳐먹었다. 생각보다 훨씬 시원한 날씨였고 아직 여행의 전반부였기에 배낭도 무겁지 않았다. 무엇보다 잠시 후 그 교회를 볼 수 있다는 생각에 발걸음이 가벼웠고 산길도 힘들지 않았다. 그러던 중 저 멀리 둥근 교회가 보이기 시작했다. 성 베네딕트 교회Saint Benedict Chapel.

첫눈에 반해버렸다. 겉모습을 본 순간 심장이 고동쳤고 마치 사랑에 빠진 것처럼 벅차올랐다. 스위스의 산간 절경과 조화를 이루며 서 있는 단정한 건축. 숨이 멎을 만큼 아름다웠고 '아, 이건 진짜다!'라는 탄식이 흘러나왔다. 소재를 사용한 방식과 제대로 다듬어진 조형적 아름다움이 특히 시선을 끌었다. 섬세하게 가공된 원형 외벽. 그 벽의 마감재로 쓰인 삼나무 판재는 볕이 잘 드는 쪽과 그렇지 않은 쪽의 색이 서로 다르게 변해 있어 뭐라 말로 표현할 수 없는 운치가 있었다. 자연스럽게 디자인된 계단을 천천히 올라 교회 내부로 들어서자 고요함이 감도는 성스러운 공간이 펼쳐졌다. 결코 넓지는 않지만 정돈된 기분이 드는 공간이었다. 광택이 흐르는 매력적인 공간에서 나는 그저 침묵할 수밖에 없었다.

마치 중력의 영향을 받지 않는 듯 둥실 떠 있는 것처럼 보이는 천장. 그 천장 바로 밑에서 들어오는 부드러운 빛이 작은 교회를 다정하게 채우고 있었다. 내벽은 알루미늄으로 덮여 있어 받아들인 빛을 은은

첫눈에 반한 성 베네딕트 교회

하게 반사하였다. 작은 공간인데도 멀리 퍼져나가는 느낌이 드는 건 그 때문인 듯했다. 언제까지고 머물고 싶다는 생각이 들었다. 마치 여기만 다른 차원의 세계인 것 같은 기묘한 공간 체험이었다.

이런 교회를 설계한 건축가는 도대체 어떤 사람일까? 묵묵히 자연과 마주하는 진지한 사람이 아닐까? 아무리 그래도 그렇지 빛을 끌어들이는 이러한 방식, 재료의 조합 같은 건 어떻게 생각해냈을까? 상상은 내 마음대로 부풀어갔다. 정신을 차려보니, 그곳에 혼자 앉아 한참을 이리저리 오가는 깊은 생각에 빠져 있었다.

'언젠가 페터 춤토르라는 건축가와 만나보리라, 같은 테이블에 마주 앉아 일해보리라'는 생각이 강하게 들기 시작한 건 그때부터였다. 대학 3학년 여름부터 품은 그 생각은 날이 갈수록 흐려지기는커녕 대학원을 졸업할 때까지 짙어져만 갔다. 그러다가 결국 이렇게 스위스의 산골짝 할덴슈타인이라는 작은 마을에 편지를 보내기에 이르렀던 거다.

하지만 세상은 그리 호락호락하지 않았다. 편지의 답장은 'NO'였다. 면접 약속을 잡고 싶은 마음에 전화를 했지만 만나는 것조차 불가능하다고 했다. 전화를 받은 이는 '춤토르가 교단에 서는 멘드리시오 건축 아카데미Accademia di Architettura di Mendrisio 제자만 건축가로 채용하기 때문에, 여기서 일하고 싶다면 멘드리시오 아카데미에 편입하는 게 좋다'는 말만 반복했다. 이래서는 도무지 결판이 나지 않을 것 같았다. 이미 스위스에 와 있다고 설명한 후, 아무튼 한 번 사무실로 찾아가겠다며 일방적으로 전화를 끊었다.

01
02

01
스위스의 산간 절경과 조화를
이룬 교회 건물은 인간이 자연을
대하는 바른 자세를 보여준다.

02
천장 아래로 부드러운 빛이
쏟아져 들어와 내부 공간을
따스하게 채운다.

할덴슈타인은 그림 속 마을처럼 한가로운 곳이었다. 꾸불꾸불 이어진 언덕길을 터벅터벅 걷다보니 가느다란 나무로 둘러싸인 아름다운 아틀리에 춤토르Atelier Zumthor가 거기 있었다.

"이렇게 갑자기 오면 곤란해요."

단호한 표정의 비서를 붙잡고 입구 한쪽 데스크에서 이야기를 시작했다.

"일본에서 대학원까지 마쳤습니다. 당장이라도 일하고 싶습니다."

끝까지 버텨봤지만 역시나 실패였다. 페터 춤토르가 안 된다면, 여기서 일하는 다른 건축가와 만나 이야기를 하고 싶다는 부탁도 깨끗이 거절당했다. 아틀리에 춤토르의 문은 무거웠고, 비집고 여는 건 불가능했다. 충격이었다. 포트폴리오에 자신도 있었고 그걸 봐주기만 한다면 어떻게든 될 거라는 기대감도 있었다. 그러나 아무리 물고 늘어져봤자 대답은 'NO'였다. 결과적으로는 문전박대. 이런 맙소사.

초장부터 기가 꺾였지만 나에게는 시간이 얼마 없었다. 관광 비자의 유효기간은 겨우 90일. 편지를 보낸 다른 네 명의 건축가를 그 안에 직접 만나야 했다. 차례대로 담판을 짓고 적극적인 공세를 펼쳐야만 했다. 의기소침해 있을 여유 따윈 없었다.

마음을 고쳐먹고 열차에 올랐다. 다음 목적지는 베를린. 독일의 고속철 이체ICE 차창 너머로 아름다운 유채꽃 밭이 펼쳐졌다. 투명하고 노란 세계가 끝없이 이어졌고 마치 인상파 회화 속에 들어가 있는 듯했다. 봄을 예감케 하는 풍경이었다. 때마침 아이팟에서 노래 한 소절이 흘러나왔다.

도움닫기가 길면 더 멀리 날아갈 수 있다는 이야기를 들었어.

그래. 이제부터 시작이다.

하지만 막상 도착한 베를린은 약간 쌀쌀했다. 비도 내리고 있었다. 어제까지 듣던 쾌활한 이탈리아어에 비해, 귓속에 울리는 독일어는 어딘가 어둡게 느껴졌다. 주변 풍경을 즐길 여유도 없이 제2지망 자우어 브루흐 허턴 아키텍츠에 전화를 걸었다.

내 불안과는 달리, 베를린에서는 모든 것이 순조롭게 흘러갔다. 편지와 작품 목록을 봤다며 곧바로 면접을 보자고 했다. 신속하게 약속이 잡혔다. 스위스에서의 씁쓸했던 경험이 마치 거짓말 같았다.

다비드라는 독일인 건축가와 면접 약속을 잡고 사무실로 찾아갔다. 중후한 벽돌조 건물의 출입문을 열고 들어갔다. 천장이 높은 사무실에 황록색 테이블이 놓여 있었다. 사무실 분위기는 완벽했다. 딱 내 취향이었다. '여기가 내 일터가 될 거다'라는 예감이 들기 시작했다.

곧 멋들어진 무테안경을 낀 다비드가 나타났고, 나는 포트폴리오를 넘기며 평소와는 달리 빠른 어조로 설계 콘셉트와 도면, 드로잉에 대해 설명해나갔다. 처음에는 냉담했던 다비드의 표정이 서서히 풀리기 시작했고 내 설계 과제에 흥미를 보이며 반응해주었다. 면접은 순조롭게 진행되었고 약간은 보람도 느꼈다. 그러나 너무 긴장한 나머지 면접이 15분이었는지 1시간이었는지 사실 기억나지 않는다. 아무튼 최대한 나를 어필했기에 개운한 마음으로 사무실을 나섰다. 목은 따끔거렸지만 밖에 나오니 비가 그쳐 있었다. 구름 틈으로 깨끗하고 푸른 하늘이 보이기 시작했다.

이틀 후, 다비드로부터 '고시마 유스케를 채용하기로 했다'는 메일이 도착했고 예감은 현실이 되었다. 프리드리히 거리Friedrichstraße에 있는 던킨 도넛에서 고객용 컴퓨터 모니터를 보다가 나도 모르게 "오 마이 갓!" 하는 소리가 튀어나왔다. 참을 수 없을 만큼 기뻤다. 헬싱키에서 나리타까지 가는 항공 티켓이 필요 없어진 순간이었다.

'돌다리도 두드려보고 건너라'는 속담이 있지만, 내 경우에는 가고 싶은 곳에 연결된 다리 자체가 없었기에 두드려볼 수 없었다. 차라리 그게 다행이었다. 어설픈 출렁다리가 놓여 있었더라면 그 다리를 건너기 두려워했을지도 모른다. 어쩌면 발을 내딛었다가도 중간에 되돌아가버렸을지 모른다. 하지만 내게는 유럽에서 일하고 싶다는 강한 의지 말고는 어떤 것도 없었다.

"언젠가 유럽에서 일할 거야."

내뱉은 말을 이루고야 말겠다는 생각에 어느 순간부턴가 친구와 지인 들에게 그렇게 말하고 다녔다. 구즈하라가 그랬듯 말이다. 그리고 그 말을 지켜야 한다는 무언의 압박이 계속 노력할 수 있는 활력이 되어주었다.

나는 언제든 '예고 홈런'을 치는 사람이고 싶다. 말없이 실행하는 것도 물론 멋지다. 그러나 여차하면 핑계를 대고 도망칠 수 있는 혼자만의 다짐보다는, 긴장감 있고 다이내믹한 예고 홈런 쪽이 나는 더 좋다. 중요한 건 스스로 각오를 다질 수밖에 없는 환경을 만들고 목표에 다다르는 것 외에는 생각하지 않는 것이다. 만약 실패한다 해도 도전하지 않았던 걸 후회하는 것보다 훨씬 나으니까. 나에게 '유럽으로 가는 편도 티켓'은 그 모든 것의 시작이었다.

자우어브루흐 허턴 아키텍츠와 나

3

피키오니스의 길과
무라카미 하루키

그 옛날, 누가 어떤 모습으로 이 길을 걸었을까?

　아크로폴리스 언덕이 보였다 사라지곤 하는 길을 걸으며 그런 생각을 하고 있었다. 바로 저쪽에서는 파르테논 신전의 기운이 전해져왔다. 그야말로 교과서에서나 접해봤던 역사의 흔적들이 아테네 거리에 넘쳐나고 있었다.

　베를린의 설계사무소에서 일하면서 유럽 건축을 가능한 한 많이 보러 다녔다. 처음 가본 곳도 있었고, 대학 시절부터 몇 번이나 찾아가본 곳도 있었다. 반복해서 가고 싶어지는 곳, 그중 하나가 그리스였다.

　1999년 여름, 처음으로 떠난 나 홀로 여행의 목적지는 그리스 아테네였다. 그리스에 첫발을 디뎠던 날 '도시에 도착하면 그곳에서 제일 높은 곳으로 간다'는 여행의 철칙에 따라 리카비토스 언덕Lycabettus Hill에 먼저 올랐다. 언덕 정상에서 해 질 녘의 아테네 거리를 바라보았다. 새빨간 파라솔이 펄럭이던 상점에서 산 탄산수를 마시며, 어느 한 곳에 초점을 맞추지 않고 마을 전체를 내려다봤다. 울퉁불퉁한 바위 표면에서 회오리쳐 올라온 건조한 바람이 볼을 스쳤다. 마치 역사 속에 그대로 들어와버린 것 같은 기분이 들었다. 이 땅에는 고대로부터 면면히 퇴적된 시간을 느끼게끔 하는 무언가가 있었다. 그런 기운이 음악처럼 기분 좋게 울려 퍼지고 있었다.

　그러던 중 공연히 발밑의 돌바닥 길에 눈이 갔다. 단순한 포장도로

나 홀로 여행의 출발점이 되어준 파르테논 신전.
8년 만에 두 번째로 찾았다.

같으면서도 약간 달랐다. 대리석 등 여러 종류의 돌이 조화를 이루고 있었다. 그것만으로도 훌륭한데, 조금 더 자세히 들여다보니 도처에 섬세한 조형적 아이디어가 숨어 있었다. 근대회화의 아버지라 불리는 마티스의 콜라주 작품 같았다. 같은 모양의 돌은 하나도 없었다. 마치 퍼즐처럼 가지런하고 빈틈없이 깔려 있는 돌들. 돌과 돌의 절묘한 만남에서 석공장인의 손길과 자긍심이 느껴졌다. 정말로 아름다웠다. 소크라테스와 플라톤, 아리스토텔레스가 이 길을 걸었던 건 아닐까. 그런 상상을 하니 왠지 가슴이 두근거렸다.

아크로폴리스 언덕으로 이어지는 이 길이 디미트리스 피키오니스 Dimitris Pikionis, 1887~1968의 디자인이라는 걸 알게 된 건 8년 만에 다시 방문한 2007년의 일이었다. 베를린에서 함께 일하던 그리스인 친구 야니스가 가르쳐주었다. 야니스는 의학부를 졸업한 후 건축에 흥미가 생겨 자우어브루흐 허턴 아키텍츠에 인턴으로 들어온 특이한 친구였다. 한없이 밝은 성격에 얼굴도 잘생긴 야니스는 손끝이 야물어 건축 모형을 잘 만들었다. 그는 뿌리 깊은 건축 전통이 있는 그리스의 근대화 무렵, 피키오니스가 얼마나 중요한 역할을 했는지 설명해주면서 단언컨대 그가 그리스를 대표하는 건축가 중 하나라고 강조했다.

아크로폴리스에 담긴 오랜 역사와 전통에 대해, 지금을 살아가는 건축가가 무엇을 디자인해야 하는지, 피키오니스는 분명 고뇌했을 것이다. 그 결과, 과거를 향한 경의와 참신함을 겸비한 이 돌길이 탄생된 것이리라. 겨우 반세기 전에 만들어졌는데도 피키오니스의 길은 이 거리와 함께 역사를 거듭하며 그 시간을 훌륭히 견뎌온 것처럼 느껴졌다.

피키오니스가 디자인한 돌바닥 길에서 고대의 숨결이 느껴진다.

먼 옛날, 고대부터 존재해온 게 아닐까 하는 생각이 들게 하는 이 길의 신비성이야말로, 피키오니스의 길이 지닌 위대한 점이었다.

1999년 여름, 첫 여행에서 피키오니스의 길을 지나 아크로폴리스 언덕에 올랐고, 그 끝에서 파르테논 신전과 만났다. 바위 표면 위에 거룩하고 당당하게 서 있는 파르테논 신전의 장대한 스케일에 단번에 매료되었다. 같은 시간을 견뎌왔다고 해도, 나무로 된 건축과 돌로 된 건축은 완전히 다르다. 일본의 건축문화와는 전혀 다른 파르테논 신전을 보자, '도무지 돌로 된 건축과는 적수가 못 되는구나' 하는 생각에 흠씬 두들겨 맞은 것 같은 기분이 들었다.

기복이 심한 아크로폴리스 대지 위에서 파르테논 신전만이 반듯한 수평면을 만들어내고 있는 듯 보였다. 인간의 삶은 평평한 장소를 만드는 것에서부터 시작된다는 당연하기 그지없는 사실에 생각이 미쳤다. 어쩌면 비바람을 막아주는 지붕이 놓일 평평한 바닥을 만드는 것 자체가 건축 최대의 역할이 아닐까 하는 생각마저 들었다. 그러다가 지금 딛고 선 땅에 대해 생각하게 됐다. 지금 내가 서 있는 지면 아래에는 시간과 함께 묻힌 오래된 지면, 다시 말해 지독히도 긴 시간이 축적되어 있으리라.

그런 생각을 하고 있자니 실로 어마어마한 기둥으로 둘러싸인 신전이 자신의 중량감, 덩어리로서의 존재감을 보다 더 강렬하게 어필하는 듯 보였다.

'이 얼마나 생생한 폐허인가.'

어찌 보면 생생한 폐허란 말은 서로 모순이지만, 파르테논 신전을

디키오니스의 길 쪽에서 아크로폴리스 언덕을
올려다보며 파르테논 신전을 스케치했다.

처음 봤을 때 내가 받은 인상은 그렇게밖에 표현할 길이 없다. 지금의 파르테논 신전은 인간의 일상생활과는 동떨어져 있기에, 즉 '사용되지 않고 있기' 때문에 그저 순수하게 건축으로서 존재하고 있다는 사실이 인상 깊었다. 혹독한 비바람에 눈 하나 꿈쩍하지 않고, 터무니없이 긴 시간 동안 그곳을 지키고 있다는 파르테논 신전의 '강도强度'를 느꼈던 것이다. 그에 반해 안타깝게도 가벼운 목조 건축은 오랫동안 방치되면 파편 더미가 되고 만다. '강도를 지닌 폐허'가 되지 못한다.

눈앞에 펼쳐진 그리스의 역사유산이 내뿜는 에너지를 담기 위해 스케치에 열중했다. 펜을 거침없이 움직였다. 원근법의 착시 현상을 고려해 만든 중후한 도리스식 기둥의 조형, 돋을새김으로 장식된 프리즈* 등 각 부위의 비례도 고려하며 약간 흥분한 상태로 스케치를 해나갔다. 펜을 쥔 손으로 '건축이란 무엇인가'라는 근원적인 물음에 대한 답을 구하고자 그렇게 필사적이었던 건지도 모르겠다.

아테네에서 맞이한 4일째 아침, 마을에서 떨어진 피레우스Pireus 항으로 가서 산토리니행 페리 승선권을 샀다. 마치 도화지로 만든 것 같은 승선권이었다. 약간은 쇠락한 항구였기에 괜찮을까 싶은 불안한 마음이 들기도 했지만 기적소리가 그치자 배는 무사히 바다를 향해 움직

● 프리즈(frieze)
고전 건축에서 기둥머리가 받치고 있는 수평 부분을 엔태블러처(entablature)라고 하는데, 이는 코니스(cornice), 프리즈(frieze), 아키트레이브(architrave)의 세 부분으로 나뉜다.

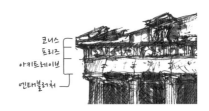

이기 시작했다. 서둘러 갑판에 올랐다. 햇살이 쏟아지는 아테네 풍경이 점점 작아지고 있었다. 저 멀리 첫날 올랐던 리카비토스 언덕도 보였다. 벌써 그곳이 그리웠다.

에게 해 위에서 아껴두고 있던 책을 꺼냈다. 얼마 전에 출판된 소설 『스푸트니크의 연인』이었다. 여행 중에는 보통 가지고 다니기 편한 문고본만 읽지만 무라카미 하루키만은 특별하다. 처음으로 나 홀로 여행을 떠나려던 차에 하루키의 신간 발행 소식을 들었고 좋아하는 작가의 책이기에 가져올 수밖에 없었다. 책장을 넘기다가 "아테네에서 로도스로 가서 페리를 타는 거야"라는 문장이 나와 깜짝 놀랐다. 단순한 우연이라 해도 내 상황과 너무나 똑같았기에 엉겁결에 흥분하고 말았다.

기원전 해저화산이 분화하여 대지가 바다 밑으로 가라앉으면서 지금의 초승달 모양이 된 산토리니 섬. 이 섬의 첫인상은 뭐니 뭐니 해도 수많은 절벽이다. 깎아 세운 듯한 절벽 위에 폭신하게 쌓인 눈처럼 나란히 모여 있는 새하얀 건축들이 에게 해의 짙푸른 하늘과 훌륭한 대비를 이루며 빛을 발하고 있었다. 여기서도 건축은 자연 속에 수평면을 만들어 사람들이 생활을 영위할 수 있게 돕고 있었다.

이곳에서 눈에 띄는 점은 벽과 지붕, 집을 감싸는 담장, 길에 이르기까지 모든 건축이 하얗게 칠해져 있다는 것이다. 마을 전체가 유기적으로 연결되어 있는 생명체처럼 느껴지는 건 바로 그 때문이다. 밀푀유*

* 밀푀유(millefeuille)
여러 겹의 파이 사이에 크림을 채워 넣은 프랑스 페이스트리

처럼 몇 겹이나 덧칠된 석회. 그 눈부실 정도로 새하얀 빛이 마을 전체의 통일감을 만들어내고 있었다. 마치 하나의 우주 같았다. 순백의 세계는 조형적인 재미와 디테일을 도드라지게 만들어, 산토리니 섬이 '형태의 보물 상자'라는 사실을 선명하게 보여주었다. 지붕, 벽, 창은 물론 테라스에 이르는 모든 것이 건축가의 영감을 끝없이 자극하는 마을이라고나 할까. 모더니즘의 거장 르코르뷔지에Le Corbusie, 1887~1965가 산토리니를 방문했을 때 스케치에 몰두해 몇 권이나 되는 스케치북을 모조리 써버렸다는 일화가 있는데, 그럴 수밖에 없었으리라 마음 깊이 수긍했다.

참고로 나는 여행을 떠날 때 가이드북을 일절 가져가지 않는다. 이유는 단순하다. 내 몸의 감각기관을 믿는 게 가장 좋다고 생각하기 때문이다. 대체로 여행에 필요한 정보는 현지에서 수집할 수 있는 데다가, 가이드북에 영향을 많이 받으면 여행이 지루해진다. 유일하게 읽는 건 찾아갈 나라의 작가가 쓴 문학작품이다. 이들은 정말 멋진 가이드가 되어준다.

2007년 두 번째 그리스 여행 때는 야니스가 추천한 카바피스Konstantínos Pétrou Kaváfis, 1863~1933라는 시인의 시집을 들고 갔다. 아테네의 조용한 카페에서 주사위 모양의 치즈를 듬뿍 올린 그리스식 샐러드를 먹으며 읽었던 「단조單調」라는 시의 한 구절이 가장 인상에 남았다.

벼랑 쪽 레스토랑에서 바라본
산토리니의 절경

단조로운 하루가 단조로운 하루를 좇는다.

무엇 하나 다를 것 없는 날.

다를 것 없는 것이 온다. 또 온다.

다를 것 없는 순간이 우리를 붙잡았다가, 놓아준다.

한 달에 한 달이 이어진다.

무엇이 올지, 예측은 거의 끝났다.

어제와 같은 지루한 것만 와서

내일이 '내일'이 아니게 된다.

그리스인은 시간을 느긋하게 즐길 줄 안다. 한가함이나 지루함을 괴롭다고 느끼지 않는 그들. 풍요로운 자연과 역사, 전통에 둘러싸인 일상을 여유있게 누리는 게 부러웠다. '그렇구나. 그래서 야니스는 물론 그리스인 친구들이 둘째가라면 서러울 정도로 시간관념이 허술한 거였구나.' 그런 사실을 발견하고 혼자 킥킥대기도 했다.

카바피스를 소개해준 야니스에게 그리스어로 번역된 무라카미 하루키의 『세계의 끝과 하드보일드 원더랜드』를 선물했다. 내가 가장 좋아하는 소설 중 하나다.

여행지에는 수많은 만남이 있다. 새로 만난 사람들은 거리를 안내해주거나 집에 묵게 해준다. 그러면서 친구의 범위도 넓어진다. 아무튼 모두들 정말 친절하다. 그럴 때 감사의 마음을 담아 식사 대접을 하고 싶어도 그 제안은 좀처럼 받아들여지지 않는다.

"여긴 우리나라고 유스케는 손님이잖아. 손님은 대접하는 게 당연한 거고."

그래서 헤어질 때 책을 선물하기 시작했다. 책을 선물받으면 다들 무척 기뻐했다. 여행을 하며 영어, 독일어, 프랑스어, 스페인어, 포르투갈어, 이탈리아어, 그리스어 등 무라카미 하루키의 수많은 번역본을 사 보았다. 어떤 나라의 서점에서건 무라카미 하루키의 소설을 쉽게 발견할 수 있으니, 대단한 일이다. '피키오니스의 길'이 아테네와 나를 연결하는 계기가 되었듯, 무라카미 하루키의 책이 길잡이가 되어 언젠가 일본을 찾은 그 친구들이 아직 보지 못한 세계와 연결되기를 간절히 바란다.

4

그 시대에는
그 시대의 예술을

빈 ★

Austria

빈Wien에는 독특한 공기가 흐른다. 어딘가 고
귀한 분위기가 감돌고 있다고나 할까. 벽을 돋을새김으로 장식한 운치
있는 카페에서 초콜릿 케이크 자허토르테Sachertorte를 먹는 건 오스트리
아 사람들이 휴일 오후를 만끽하는 방식 중 하나인 것 같다. 물론 내가
빈에 온 건 자허토르테 때문은 아니다. 보고 싶은 게 있어서였다.

　　　구스타프 클림트Gustav Klimt, 1862~1918의 '키스The Kiss'. 목적은 바로 그
그림이었다. 고등학교 시절 미술 교과서에서 처음 봤을 때부터 관능적
매력이 가득한 그 그림에 사로잡혔다. 현란하고 호화로운 장식 속에 힘
찬 조형미로 표현된 남녀가 서로 껴안은 채 입맞춤을 나눈다. 까무잡잡
한 피부의 남자가 무릎을 꿇고 있는 여자의 관자놀이와 뺨을 손으로 감
싼 채 부드럽게 키스하는 그림. 눈을 감은 여성의 표정에서 행복감이
조심스레 드러나는데, 그것이 인상에 남았다.

　　　도대체 그림 크기는 얼마나 될까? 어떤 장소에 전시되어 있을까?
그런 궁금증을 안고 방문한 빈의 첫인상은 클래식 음악이 잘 어울리고
문화의 향기가 감도는 '예술의 도시'였다.

　　　예술의 거리란 변화를 두려워하지 않고 새로움에 도전하는 에너
지가 소용돌이치는 곳이다. 낡은 것과 새로운 것이 서로 부딪쳐야만 다
이내믹한 화학반응이 생겨나고 예술이 진화한다.

　　　구시가舊市街의 광장에 두 개의 대조적인 건축물이 서로 마주한 채

서 있는 광경이야말로 오래된 것과 새로운 것이 부딪쳐 만들어내는 화학반응의 좋은 예일 것이다. 하나는 고딕건축 양식의 슈테판 대성당Stephansdom이고, 다른 하나는 오스트리아를 대표하는 건축가 한스 홀라인Hans Hollein이 설계한 현대건축 하스 하우스Haas House다. 12세기부터 건설되기 시작한 슈테판 대성당은 모차르트가 결혼식을 올린 곳으로도 유명하다. 그리고 그 바로 앞에 미러 글라스mirror glass로 덮인 원주형의 포스트모던한 하스 하우스가 마주보며 서 있는데, 이는 대단히 참신한 대립이다.

거리를 좀 더 걸으니 프리덴슈라이히 훈데르트바서Friedensreich Regentag Dunkelbunt Hundertwasser, 1928~2000라는 독특한 예술가가 세운 훈데르트바서 하우스Hundertwasser Haus가 홀연히 나타났다. 훈데르트바서 하우스는 50호 정도 되는 공공주택인데, 식물과의 공생을 추구하여 지붕 위와 건물 내부 등 여기저기에서 풀과 수목을 만날 수 있다. 훈데르트바서는 강렬한 색채와 곡선을 사랑한 화가였다. 훈데르트바서 하우스는 그가 지금까지 그려왔던 세계를 캔버스 밖으로 끄집어낸 것 같은 건물로, 지금은 거리의 관광 명소가 되었다.

슈테판 대성당에서 약간 서쪽으로 걷다보면 미하엘 광장Michaelerplatz이 나온다. 거기에는 마치 권력을 과시하듯 장식으로 뒤덮인 호프부르크 궁전Hofburg이 있고, 그 앞에는 건축가 아돌프 로스Adolf Loos, 1870~1933가 설계한 로스하우스Looshaus가 있다. 두 건물 역시 서로 대조적인 모습으로 마주보고 있다. 로스하우스는 장식이 없는 담담한 외관을 하고 있어 광장에 접한 여러 건축 속에서 오히려 이채로운 분위기를

여기저기 식물이 자라고 있는 훈데르트바서 하우스

미하엘 광장을 사이에 두고 마주한 호프부르크 궁전과 로스하우스

뿜어낸다. 지금이야 단순한 순백의 파사드^{facade}를 아름답다고 여기지만, 20세기 초반 사람들의 눈에는 영 허전해 보였던 모양이다. 완성 후에도 얼마간 미완성 건물 취급을 받았다는 일화가 있으니 말이다. 그러나 바로 그곳에 로스의 강인한 사상이 담겨 있다.

그는 『장식과 죄악^{Ornament und Verbrechen}』이라는 저서에 "우리는 장식을 극복했으며, 장식 없이도 살아갈 수 있게 되었다"라고 남겼다. 로스는 귀족문화의 유물인 지나치게 화려한 '건축적 장식'을 불필요한 것으로 규정했고, 그것에서 자유로워지고자 했다. 백색의 아름다운 모더니즘 건축이 표준 양식으로 넓게 보급되기 전, 로스는 장식적인 건축을 떨쳐버리고 새로운 미학을 추구했던 것이다. 기능적이며 튼튼한 것이 아름다움이라고 했던 바우하우스^{Bauhaus}, 그 운동의 대표 인물이라 할 수 있는 아돌프 로스는 20세기 모더니즘 사상의 선구자였다.

이런 것들을 의식하며 다시 한 번 호프부르크 궁전과 슈테판 대성당의 건축적 특징을 살펴봤다. 그러자 장식의 유무와 그것의 좋고 나쁨을 말하기 전에, 그 장소에 휘몰아치는 에너지를 느낄 수 있었다. 마치 강한 자기장 속에 들어온 것 같았다. 그런 에너지들이 도시에 문화로 뿌리내려 빈의 성숙한 매력을 만들어내고 있었다. 그러나 아돌프 로스의 반反장식, 기능주의의 싹이 피어난 후 이 같은 아름다움은 비판의 도마 위에 올랐다. 그리고 이제 다시 훈데르트바서의 그림과 건축처럼 장식 과잉이 인기를 끄는 시대가 왔다. 이런 변화를 생각하면 시대의 주기적인 흐름 같은 것이 자연스레 느껴진다. 장식을 죄악시한 아돌프 로스는 천국에서 분개하고 있을지 모르지만.

오른쪽이 슈테판 대성당,
왼쪽이 하스 하우스다.

이번 여행의 목적이었던 클림트의 그림도 지극히 장식적이다. 부드러운 선으로 이루어진 사실적인 인체와 빽빽이 채워 그린 추상적인 배경 장식이 서로 충돌하며 만들어내는 독특한 세계는 마치 세기말 빈의 분위기가 클림트의 그림 속으로 녹아든 것 같다. 그의 그림은 마을 중심에서 남쪽으로 약간 떨어진 벨베데레 궁전Schloss Belvedere에 전시되어 있었다. 거대한 궁전 내부의 갤러리 안쪽에 '키스'가 전시되어 있었는데, 전시실 조명을 어둡게 연출했기 때문에 금박이 들어간 그림이 어둠 속에서 한층 더 도드라져 보였다. '키스'는 엄청난 존재감으로 보는 이를 압도했다. 그곳의 공기 밀도가 다른 곳보다 짙게 느껴질 정도였다.

다른 전시실에서는 그의 제자와 동시대 작가들의 작품도 만나볼 수 있었다. 그중에서도 에곤 실레Egon Schiele, 1890~1918의 그림이 대단했다. 귀기가 감도는 강한 선에서 생명에 대한 불안이 숨바꼭질하고 있었다. 에곤 실레는 자신의 아이를 임신한 채 병으로 쓰러진 아내의 뒤를 이어 스물여덟의 젊은 나이로 세상을 등졌다. 조숙했던 천재는 고독에서 뛰쳐나오려는 듯한 생명력 넘치는 선으로 인체의 아름다움을 표현하고 있었다. 압도적인 묘사로 그려진 인체의 조형미는 훌륭했고 마음을 움직였다.

클림트와 실레는 빈 분리파Wien Secession라는 예술가 집단을 이끌고 있었다. 그들의 거점이었던 분리파 회관 제체시온Secession 출입구 쪽 벽에는 황금색 글자로 다음과 같은 글귀가 새겨져 있다.

장식이 배제된 로스하우스.
장식이 없어 완공 후에도 미완성이라는
오해를 받았다.

황금색으로 빛나는 제체시온 입구

DER ZEIT IHRE KUNST, DER KUNST IHRE FREIHEIT.
그 시대에는 그 시대의 예술을, 예술에는 자유를.

19세기 말, 빈 분리파는 보수적인 고전적 회화를 타파하고 자신들의 예술을 확장하려 했다. 그를 위해 예술의 해방, 자유를 선언했던 것이리라. 독일어에는 Zeitgeist자이트가이스트라는 단어가 있다. '시대정신'을 의미하는 단어다. 장식적인 회화를 계속 그렸던 클림트, 그리고 그러한 장식을 버렸던 로스. 두 사람은 서로 다른 표현 방식을 추구했지만 자이트가이스트를 창작의 원동력으로 삼아 작품을 만든 예술가였다.

20세기 초엽부터 이미 유럽문화의 발신지였던 오스트리아의 수도 빈. 빈의 거리에는 오래된 것, 그리고 그것을 넘어서고자 하는 새로운 예술의 중첩과 대항의 흔적이 남아, 이 거리를 찾는 사람에게 끊임없이 용기를 북돋아주고 있다. 그런 생각을 하고 있자니, 장식이 없고 심플한 자허토르테가 지금까지도 빈의 명물 디저트로 인기를 끄는 이유를 이해할 수 있을 것 같다.

장식이 배제된 빈의 훌륭한 맛,
자허토르테

Architecture Note

©Andrzej Barabasz

훈데르트바서 하우스
Hundertwasser Haus

훈데르트바서 하우스는 빈의 제3구역에 세워진 공동주택 건물로,
이상적인 주거건물을 만들겠다는 빈 시당국의 계획 아래 지어졌다.
조각가, 화가이자 건축가인 훈데르트바서는 예술적 상상력을 발휘해
벽을 작은 단위로 나눠 서로 다른 색과 질감으로 처리했다. 그리고
지붕 정원을 만들어 250종의 나무를 심었다. 강렬한 색채와 서로
다른 모양의 창틀, 둥근 탑, 곡선으로 이루어진 복도 등이 독특한
조화를 이룬다.

위치 : 오스트리아 빈
준공 : 1986년
건축가 : 프리덴슈라이히 훈데르트바서

로스하우스
Looshaus

불필요한 장식을 없앤 근대건축의 선구자
아돌프 로스가 지었다. 화려한 장식이 주를
이루던 당시 건축에 비해 단순한 모양새를
하고 있어 많은 비난을 받았다. 시 당국은
호프부르크 궁전을 비롯한 주변 거리
풍경과 어울리지 않는다며 공사 중지를
명령하기도 했다. 많은 논란과 우여곡절
끝에 지어진 로스하우스는 시대를 앞서
나간 합리주의적 면모를 보여준다.

위치 : 오스트리아 빈
준공 : 1911년
건축가 : 아돌프 로스

©Andreas Praefcke

슈테판 대성당
Stephansdom

오스트리아에서 가장 큰 고딕양식 건물로 구시가지 중심부에
있다. 12세기에 지어진 로마네스크양식의 작은 교회를 14세기에
합스부르크 왕가 루돌프 4세가 고딕양식으로 개축하였다. 건물
길이 약 107m, 천장 높이 39m, 첨탑 높이 137m로 공사에 65년이
걸렸다. 청색과 금색 벽돌로 만든 화려한 모자이크 지붕이 특징이며,
모차르트의 결혼식과 장례식이 치러진 장소로도 유명하다.

위치 : 오스트리아 빈
준공 : 1359년

©Andrew Bossi

하스 하우스
Haas House

유네스코가 구시가지를 세계문화유산 구역으로 지정할 만큼
빈은 오랫동안 전통을 지켜온 보수적인 도시였다. 한스 홀라인은
전통으로 가득한 도시, 그것도 슈테판 대성당 앞에 유리 거울로
외벽을 마감한 비대칭 구조의 하스 하우스를 지어 활기를
불어넣었다. 처음에는 지역 주민의 반대에 부딪쳐 어려움을
겪었지만, 지금은 전통과 현대의 아름다운 조화를 이루는 건축으로
평가받고 있다.

위치 : 오스트리아 빈
준공 : 1990년
건축가 : 한스 홀라인

©Briséis

호프부르크 궁전
Hofburg

1220년경에 세워진 이래 1918년까지 합스부르크 왕가의 황제들이 살았다.
각 황제는 자신의 재임기간에 새로 건물을 증축하고 내부를 꾸몄다. 덕분에
호프부르크 궁전은 오랜 세월을 거치면서 다양한 건축양식이 가미된
독특한 건축물이 되었다. 궁전에는 2,000개가 넘는 방이 있다고 한다.

위치 : 오스트리아 빈
준공 : 13세기 초

©Georges Jansoone

5

리베스킨트의
입구 없는 박물관

베를린

Germany

베를린에는 입구 없는 박물관이 있다. 괜히 허풍 떠는 게 아니라 정말로 입구가 없다. 다니엘 리베스킨트Daniel Libeskind가 설계한 유태인 박물관Jüdisches Museum Berlin의 이야기이다.

리베스킨트는 실현 불가능한 건축 설계와 드로잉을 한 '언빌트Unbuilt' 건축가로 이름을 알린 인물이다. 형태 없는 음악을 드로잉의 모티브로 삼기도 했고, 지금까지 본 적 없는 그림을 잔뜩 그리면서 건축 이론을 설명하기도 했다. 어쩌면 그는 드로잉을 통해 새로운 건축의 근거를 꾸준히 찾고 있었던 건지도 모르겠다. 리베스킨트는 한낱 몽상으로만 그친 게 아니라 강한 열정으로 새로운 건축의 가능성을 깊게 탐구해나갔다.

그러다 언젠가부터 리베스킨트는 세계 곳곳에 자신의 독특한 아이디어를 담은 건물을 설계하기 시작했고, 심지어 뉴욕 그라운드 제로*를 재건하는 프로젝트에 마스터플랜master plan 설계자로 이름을 올리게 되었다. 왜일까? 모든 것의 시작은 베를린이었다. 그는 자신의 첫 설계를 설계공모전 우승으로 따냈다. 입구 없는 박물관이 바로 그것이다.

● 그라운드 제로(Ground Zero)
원래 핵무기가 폭발한 지점을 가리키는 말이다.
2001년 9·11 테러로 뉴욕의 세계무역센터가 붕괴된 후에는 그 자리를 일컫는 말로 통용되고 있다.

리베스킨트는 이미 지어져 있던 베를린 박물관의 현관홀에 유태인 박물관 입구를 두었다. 관람객은 거기서부터 지하통로를 통해 유태인 박물관으로 걸어 들어가게 된다.

티타늄과 아연으로 뒤덮인, 마치 미래에서 온 우주선 같은 건축이 불쑥 들어섰을 때 사람들은 무척이나 놀랐을 것이다. 그것도 차분한 바로크식 건축인 베를린 박물관 옆에 출현했으니 말이다. 더군다나 지금껏 한 번도 실물을 세운 적 없는 언빌트 건축가가 설계한 건물이니 놀라움은 더했을 것이다. 거침없이 자유로운 리베스킨트의 박물관은 박물관의 전형과는 거리가 있는 건축이다. 이곳은 건축 관계자와 학생 들 사이에 큰 화제를 불러일으켰고, 정식으로 개관하기 전부터 수많은 사람의 발길을 유혹했다. (유태인 박물관은 원래 베를린 박물관의 분관으로 기획되었으나 지금은 베를린 박물관이 유태인 박물관에 흡수된 형태로 운영되고 있다.)

설계공모전에서 우승한다고 해서 전부 건물로 실현되는 것은 아니다. 예산을 비롯하여 법률상의 규제 등 각종 제약 때문에 건설되지 못하는 경우도 심심찮게 있다. 그런 이유 때문인지 아이디어는 재밌지만 구현하기 어렵다고 판단되는 설계안을 2등으로 미루고 별 지장 없이 실현 가능한 작품을 1등으로 채택하는 일도 간혹 있다. (설계공모전의 역사를 보면 실제로 건축되지 못한 2등 설계안이 더 훌륭해, 이후로도 계속 사람들의 입에 오르내리는 경우가 많다.) 그런 의미에서, 극단적으로 참신한 리베스킨트의 설계안은 반론의 여지없는 문제작으로 전형적인 2등 설계안이라 할 수 있다. 그러므로 입구 없는 박물관이 탄생할 수 있었던 데에는 사전 검열의 유혹을 뿌리치고 리베스킨트의 작품을 1등으로 채택한 심사위원들의 공도 크다.

유태인 박물관의 평면도는 다윗의 별*에서 아이디어를 얻은 지그재그를 기본으로 하고 있다. 여기서의 지그재그는 수많은 '축'이 교차하는 것을 의도하고 있으며, 베를린에서 살아가는 유태인의 주거를 선으로 이었을 때 생기는 모양을 가리킨다고도 한다. 아무튼 이 건축이 무수히 그어진 선으로 이루어져 있다는 사실만은 틀림없다. 당연한 말이지만, 그런 복잡한 공간은 사용하기 쉽지 않다. 기능적이지도 않다. 바닥 또한 평평하지 않다. 약간 기울어져 있는 곳도 있어서 걸을 때 신경 써야 한다.

아마도 건축 허가를 내주는 베를린 관청에서 설계 변경을 요청했을 것이다. 하지만 리베스킨트는 타협하지 않고 자신의 신념을 관철하여 역사적인 명작을 탄생시키는 데 성공했다. 유태인 박물관은 실제 건축으로 실현된 언빌트 건축가의 데뷔작이며 박물관 건축에 쌓아올린 또 하나의 금자탑이다.

건축 자체가 화제를 불러일으키자, 이례적으로 전시물을 채우기 전부터 관람객을 받아들인다는 결정이 났다. 덕분에 대학 3학년생이었던 2000년 여름, 텅 빈 유태인 박물관을 견학할 수 있는 행운과 만났다. 정말 대단한 체험이었다.

---

* **다윗의 별**
'다윗의 방패'를 뜻하는 히브리어 Magen David 에서 비롯되었으며, 유태인 그리고 유태교를 상징하는 표식이다.

입구가 없기 때문에 '정면이 없는
건축'이기도 한 유태인 박물관.
왼쪽에 보이는 것이 홀로코스트 타워이다.

말했다시피 건물에는 출입구도 없고, 있는 것이라고는 Jüdisches Museum Berlin유태인 박물관이라고 쓰여 있는 비스듬한 간판뿐이었다. 지하로 내려가는 계단 앞, 마치 비상구같이 생긴 문을 통해 그 이상한 건축 안으로 들어갔다. 바닥이 부드럽게 기울어져 있어 갑작스레 평형감각이 흔들렸다. 복도는 여기저기 방사형으로 교차하고 있었다. 벽에는 칼로 그은 듯 폭이 좁고 긴 창이 설치되어 있었고 그 너머로 초록빛 나무들이 보였다. 직선적인 창틀 너머로 보이는 초록이 눈부시게 아름다워 나도 모르게 넋을 놓고 바라봤다.

이 건물은 이제껏 한 번도 본 적 없는 것들의 총집합이었다. 벽 디자인, 빛을 끌어들이는 방식, 불안정한 바닥, 외벽의 소재와 디테일, 그 모든 것이 도전적이고 날카로우며 근사했다.

리베스킨트는 유태인 박물관 디자인의 주역으로 '창'을 선택했다. 창이란 아무것도 없는 공간, 즉 '공백'이다. 리베스킨트는 이를 콘셉트로 잡고 건축 설계를 해나갔다. 공백은 유태인이 걸어온 역사에 대한 리베스킨트의 적확한 고찰이 낳은 결론이었다. 그래서 그는 수없이 많은 텅 빈 공백을 건물 여기저기에 만들어놓았다. 그 자신도 유태인이었던 리베스킨트는 텅 빈 공간인 보이드void를 통해 집단적 기억을 박물관에 가두려 했다. 즉 유태인이 떠안고 있는 공허함의 상징으로 보이드 공간을 활용한 것이다. 물론 전시실은 별개이지만, 계단과 복도 그리고 '홀로코스트 타워'라 불리는 정말로 아무것도 없는 것을 체험하는 암흑의 탑 등은 절대적인 보이드 공간으로 설계되어 있다.

홀로코스트 타워에 발을 들여놓은 순간 등줄기가 서늘해진 느낌이 들었다. 20미터 높이의 노출 콘크리트 탑. 천장 쪽의 살짝 열린 창을 통해 날카롭고 가느다란 광선이 들어오고 있었다. 빛의 양이 부족해서 타인의 윤곽이 보일 듯 말 듯 어렴풋했다. 윤곽을 확인하지 못할 정도의 암흑, 그것은 공포였다. 그 체험을 통해 우리는 깊은 고독에 접근하게 되고, 침묵 속에서 역사 속의 유태인들을 떠올리게 된다. 어쩌면 우리는 그들과 무언가를 공유하려 했던 건지도 모르겠다. 홀로코스트 타워는 명상의 공간 그 자체였다.

리베스킨트가 텅 빈 암흑만 설계한 것은 아니다. 암흑 속에서 시각 정보에 제한을 받는 관람객을 위해 바닥에 작은 돌을 깔아 두는 등의 배려도 함께 담았다. 처음으로 건물을 설계한 건축가라고는 생각하지 못할 정도의 섬세함이었다. 걸으면 작은 돌들이 부딪치는 메마른 소리가 울리며 타자의 존재를 또 다른 거리감으로 느낄 수 있었다.

유태인 박물관에는 '어디에도 갈 수 없는 복도', '벽에 가로막힌 계단'도 준비되어 있었다. 여기에 담긴 비틀린 의미는 물론, 건축이 지닌 당연한 기능에 대해 재검토하고 다시 생각해보게 만들려는 리베스킨트의 의도가 절절히 전해져왔다. 나이 쉰이 될 때까지 언빌트 건축가로 활동하며 보다 더 순수하게 건축과 대면하고 탐구했던 리베스킨트. 유태인 박물관은 그이기에 가능했던 상상력이 유감없이 발휘된 건축이다.

〈다이얼로그 99Dialoge 99〉라는 특별한 작품이 있다. 안무가 자샤 발츠Sasha Waltz가 만들어 유태인 박물관 개관 때 공연한 현대무용 작품이다. 건축가 다니엘 리베스킨트와 안무가 자샤 발츠의 대화 속에서 탄생한 작품으로, 이후에는 〈육체Körper〉로 제목을 바꿔 샤우뷔네Schaubühne

01
02

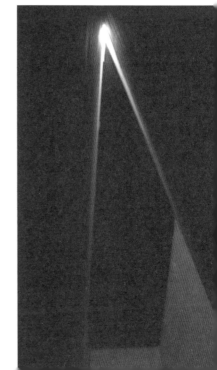

01
금속성이 느껴지는 유태인 박물관 외관.
칼로 베인 듯한 가느다란 창과 십자가 장식이
시선을 사로잡는다.

02
홀로코스트 타워 내부. 암흑 속에서 올려다본
일그러진 사다리꼴 모양의 천장

극장에서 상연하였다. 그 후 〈육체〉는 그녀의 대표작이 되었다.

자샤 발츠는 유태인 박물관의 공간에서 영감을 받았고 어떤 아픔을 느꼈다. 그래서 인간의 육체 그 자체를 테마로 삼게 되었다고 한다. 아우슈비츠의 과거를 상상한 끝에 도달한 대답이 육체였다는 것이다. 거의 나체에 가까운 남녀 무용수가 무대 위에서 춤을 춘다. 아니 어쩌면 춤보다는 원시적인 움직임이라고 하는 편이 더 정확할지도 모르겠다.

나는 2004년 5월부터 베를린에서 생활했기 때문에 아쉽게도 〈다이얼로그 99〉는 관람하지 못했다. 하지만 〈육체〉는 두 번 보러 갔다. 베를린 샤우뷔네의 커다란 공간에 놓인 아주 작은 무대장치 속에서 다양한 국적과 표정의 무용수들이 퍼포먼스를 펼친다. 피나 바우쉬*의 탄츠테아터*를 연상시키는 연출로, 춤을 추며 대사를 말하고 벽에 분필로 선을 긋는 등 자유분방한 무대를 선보였다. 몸이란 무엇인가, 신체 움직임의 가능성이란 무엇인가에 대해 깊이 생각해보게 만든 공연이었다. 그 공연의 밑바탕에는 유태인의 역사에 공명했던 자샤와 리베스킨트의 마음이 있었다. 그리고 틀에 박힌 내러티브를 배제한 공백으로서 그 마음을 결정화시킨 것이 자샤 발츠의 현대무용이었다.

• 피나 바우쉬(Pina Bausch, 1940~2009)
  독일 출생의 안무가로 기존 무용이 가지고 있던 모든 관습과 통념을 무너뜨린 현대무용의 혁명가로 평가받는다. 음악, 연극, 무용, 영상 등의 경계를 뛰어넘는 작품을 만들었으며, 〈봄의 제전〉, 〈카페 뮐러〉 등을 남겼다.

• 탄츠테아터(Tanztheater)
  영어로 'dance theatre', 즉 무용과 연극을 결합한 혁신적인 장르로 무용수가 대사를 하고 무대장치로 일상용품을 사용하는 등 기존 무용과는 다른 표현방식을 활용하였다.

건축에는 건물을 지을 땅이 필요하다. 땅은 움직일 수 없는 고정된 것이다. 그에 반해 무용은 계속되는 움직임을 통해 의사를 표현하고 이야기를 전달하는 예술이다. 다니엘 리베스킨트와 자샤 발츠는 건축과 무용, 서로 대척점에 있는 두 예술 장르의 콜라보레이션을 실현했다. 독특한 두 예술가는 유태인을 향한 상상력을 각자의 분야에서 십분 발휘했고, 제대로 된 역사의 정착과 자유로운 움직임의 표현이라는 메시지를 담아 완성해냈다. 건축이라는 하나의 무대를 통해 연결된 아름다운 관계라 할 수 있다. 다른 무엇보다 그 사실이 가장 칭송받을 만하지 않을까?

그래서 나는 외국에서 친구들이 베를린으로 놀러오면 항상 그들을 유태인 박물관으로 안내한다. 자샤 발츠의 무용 작품도 꼭 같이 보러 가고 말이다.

샤우뷔네 극장에서 공연된 〈육체〉의 커튼콜

Architecture Note

©Manfred Bruckels

유태인 박물관
Jüdisches Museum Berlin

유태인 박물관은 프로이센의 법원으로 사용되었던 바로크 양식의
건물을 확장한 것으로, 독일 유태인의 비극적인 역사를 담고 있다.
건물에서는 곡선적인 요소를 거의 찾아볼 수 없으며 날카로운
선과 각이 눈에 띈다. 제2차 세계대전 때 희생된 유태인의 사진과
유품 등을 전시하고 있으며, 건물 곳곳에 유태인과 그들의 희생을
암시하는 장치가 숨어 있다. 유태인 박물관은 역사적, 사회적,
공간적으로 근대 역사상 가장 큰 비극을 다시금 생각하게 만드는
곳이다.

위치 : 독일 베를린
준공 : 1999년
건축가 : 다니엘 리베스킨트

샤우뷔네
Schaubühne

본래 영화관으로 지어진 건물을 1978년에 구조 변경 및 증축하여
공연장으로 쓰고 있다. 대극장은 세 개의 공간으로 나뉘어
사용되지만, 하나로 터서 대형 극장으로 전환할 수 있는 가변형
구조다. 독일 현대 실험연극과 무용의 메카로 명성을 높이고 있다.

위치 : 독일 베를린
준공 : 1928년
건축가 : 에리히 멘델존(Erich Mendelsohn)

©Rainer Luck

6

베네치아 골목 탐닉

뉴욕이나 도쿄는 바둑판의 눈금처럼 종횡으로 구획된 그리드 시스템grid system 위에 도로가 만들어져 있기 때문에 거리 이름만 알고 있으면 어디든 갈 수 있다. 굉장히 편리하고 이해하기 쉽다. 하지만 세상에는 그렇지 않은 곳도 많다.

베네치아는 사람을 미아로 만들려고 생겨난 도시가 아닐까 싶다. 그야말로 미궁의 도시다. 홀딱 반해 몇 번이나 찾아간 곳이지만, 헤매지 않고 목적지에 도착한 적이 한 번도 없다. 이곳에서는 2년에 한 번씩 베네치아 비엔날레Biennale de Venezia라는 국제 미술전이 개최되는데, 여러 전시장 중 하나인 아르세날레Arsenale를 찾지 못해 두리번댔던 적이 한두 번이 아니다. 그런데 오히려 찾아가는 과정에서 만난 풍경이나 거리의 만듦새가 굉장히 예술적이어서 감동했던 적이 많다. 특히 겨울 아침 안개 속에서 보는 베네치아는 정말이지 환상적으로 아름답다. 거리 모습뿐만 아니라 거기 사는 사람들도 인간미 넘치고 매력적이다. 예전부터 상인의 도시였던 까닭일까?

베네치아는 언제 가도 변함이 없다. 아마도 '물의 도시'라서 생긴 특징일 거다. 베네치아는 크고 작은 무수한 운하가 연결되어 만들어진 도시기 때문에 중세시대부터 지금까지 거리에 말과 마차, 자동차가 다닌 적이 없다. 배기가스가 없으니 거리가 더욱 아름다울 수밖에. 그러나 더 큰 특징은 도시의 스케일이 인간 신체에 맞게 만들어져 있다는 점이다. 자동차가 없는 것과도 관련 있겠지만, 거리 어디에 있건 흡사 자연 속 동굴에라도 들어가 있는 것처럼 안락하고 편안한 느낌이다. 양 팔을 펼치면 좌우 벽에 손이 닿는 좁은 골목길이 있는가 하면 탁 트인 광장도 있다. 부드럽게 커브를 그리거나 지그재그로 굽은 골목길을 걷 다보면 보석 같은 다채로운 풍경과 만나게 된다. 베네치아에 사는 친구 집에 갔을 때에는 절묘한 크기의 중정中庭, 집 안 건물 사이의 마당과 만난 적도 있었다. 좁다고 말할 수 있는 중정이었는데, 부드러운 빛이 들어오는 그 중정이 왠지 몸에 꼭 맞는 공간 같아 기분이 좋았다.

자동차가 없는 베네치아에서의 이동 방식은 오직 도보다. 물론 운 하를 타고 가는 곤돌라나 수상버스도 있지만 나는 오로지 걷는다. 내가 좋아하는 나이키 에어포스 원을 신고 한 손에는 스케치북을 든 채 베네 치아 구석구석을 걸어 다닌다.

거리의 중심은 뭐니 뭐니 해도 산 마르코 광장Piazza San Marco이다. 비둘기에게 모이 주는 아이들 뒤로 말쑥하게 차려 입은 웨이터가 거품 을 가득 올린 카푸치노를 손님에게 내오는 모습 등 산 마르코 광장은 어디를 담든 그림이 될 정도로 아름답다. 황금빛 모자이크 타일이 인상 적인 산 마르코 대성당Basilica di San Marco은 여러 차례 전쟁을 거치면서 이 런저런 양식이 뒤섞인 건축이 되고 말았지만, 그 덕분에 오히려 그곳만 의 깊은 멋을 간직하고 있다.

하지만 이런 중심가로만 다니기보다는 가슴 두근대며 곁길을 걷 다 미아가 되는 것이 베네치아를 즐기는 나만의 방식이다. 아이가 동네 에서 길을 잃는 것과는 전혀 다르다. 어른이 거대한 도시에서 미아가

비엔날레가 열리는 곳에서
베네치아 전경을 바라보았다.

사람으로 북적이는 산 마르코 광장에 앉아
대성당을 스케치하며 시간을 보냈다.

되는 것이기 때문에 흡사 롤플레잉 게임에 뛰어든 기분이다. 그래서 미아로 보내는 시간이 즐겁다.

베네치아는 아무리 걸어도 계속 새로운 풍경이 나타나는 곳이다. 금방 온 길로 되돌아갔는데 마치 다른 곳에 온 기분이 들 때도 있다. 계속 보면서 왔던 사탑, 길잡이로 삼던 건물 지붕이 갑자기 시야에서 사라져버리기도 한다. 운하를 따라 굽은 완만한 길을 걷고, 작은 다리를 건너고, 아치 모양 터널을 통과하다보니 어느새 조금 전에 왔던 아담한 광장으로 돌아오게 되는 일도 있다. 스테인드글라스가 아름다운 교회와 우연히 만나기도 하고, 멋진 수제 공책을 파는 문구점을 발견하기도 한다. 18세기 건축가 조반네 피라네시Giovanni Battista Piranesi, 1720~1778의 오래된 동판화 엽서를 산 것도 그렇게 길을 잃고 돌아다니던 중의 일이었다.

나는 방향감각이 뛰어난 편이다. 어디를 걷든 '지금 나는 동쪽을 등지고 서쪽으로 걷고 있다'는 식의 감각을 가지고 있기 때문에, 간단한 지도 한 장만 있으면 태양의 위치를 확인하면서 가고 싶은 곳으로 갈 수 있다. 하지만 베네치아에서는 그렇지도 않았다. 가려는 건물이 바로 근처에 있어도 출입문이 운하 건너편에 있어 들어갈 수 없기도 했고, 길이 도중에 끊겨서 어쩔 수 없이 목적지 주변을 배회하기도 했다. 그렇게 길을 잃고 보내는 한때가 나는 정말 즐거웠다.

베네치아에서는 목적 없이 그냥 산책만 해도 수많은 즐거움을 발견한다. 좁은 골목길 여기저기를 걷다가 도착한 광장, 맛있는 피스타치오 젤라또를 먹을 때의 기쁨, 도처에 있는 작은 마리아상들……. 노인의 얼굴에 새겨진 주름처럼 우연히 만난 벽의 표정 하나하나에서 시간의

아케이드 밑에서 비를 피하며
수채화로 그린 산 마르코 광장

축적이 느껴지기도 한다. 너무나 아름다워 아무리 보고 있어도 질리지
않는다. 건축이란 이래야 한다는 생각이 들게 하는 익명의 풍경이다.

　홀륭한 건축가가 디자인해 문화재로 소중히 보존되는 그런 종류
의 아름다움이 아니라 그곳에서 살아가는 사람들의 역사가 켜켜이 쌓
여 풍기는 매력. 예전에는 창이 있던 자리였구나 싶은 흔적, 약간씩 보
수한 흔적 들이 이곳 벽에 남아 있다. 귀를 기울이면 그곳에서 살았던
사람들의 생생한 목소리가 들려올 것만 같다. "아버지가 고친 문이야.",
"할아버지가 수리한 창문이지." 그런 이야기가 베네치아의 벽에 남아

면면이 이어져온 가족의 시간을 말없이 전해주고 있다. 골목길에 널린 빨래조차도 하나의 이야기가 된다. 이런 대화가 즐겁다.

골목을 걷다보면 눈길을 끄는 게 있다. 베네치아의 초인종이다. 베네치아만의 것이라고 단정할 수는 없지만, 적어도 이런 초인종을 다른 곳에서는 본 적이 없다. 직경 7센티미터 정도 되는 둥글고 움푹한 원 안에 작은 버튼이 달려 있는 초인종이다. 놋쇠나 구리로 만든 베네치아 초인종은 단순 명쾌한 디자인이 너무나도 귀엽다. 쇼룸에 진열된 유명 디자이너의 멋들어진 소품보다 훨씬 더 이탈리아다운 디자인이라 느끼

01
02

01
표정 있는 벽. 그 집에 살고 있는
가족의 역사를 느끼게 해준다.

02
골목에 걸린 알록달록한 빨래.
빨래도 말없이 가족의 이야기를
전해준다.

는 건 나쁜일까?

하지만 베네치아 초인종의 진짜 매력은 단순한 디자인보다는 세월과 함께 변해간다는 점에 있다. 사람들의 손길이 남아 머무르는 디자인이기 때문에 쓰면 쓸수록 멋이 배어난다는 점이 좋다. 베네치아에서 길을 잃으면 나는 그냥 초인종을 보면서 걷는다. 초인종은 사람이 그 집에 찾아갔을 때 제일 먼저 몸이 닿는 곳, 즉 건축과 사람의 첫 접촉이 이루어지는 곳이다. 공동주택처럼 여러 개의 초인종이 줄지어 있는 곳에서는 더 많은 것이 보인다. '이 사람은 찾아오는 친구가 많은가보다. 초인종이 손때로 더럽혀져 있는 걸 보니', '반짝반짝한 새 초인종인 걸 보니 이사 온 지 얼마 안 되서 손님이 없는 걸까?'라며 상상의 나래를 편다. 집집마다 초인종의 미묘한 차이를 발견하는 것도 재미있고, 초인종을 달아놓은 방식이나 외관에 배어 있는 거주자의 센스를 느끼는 것도 재미있다. 초인종을 집의 '작은 얼굴'이라 부를 수도 있지 않을까 싶다.

베네치아는 중세시대부터 눈부시게 화려한 가면무도회를 했던 도시로도 유명하다. 할로윈처럼 다양한 가면을 쓴 사람들이 모이는 행사다. 지금도 베네치아 카니발Carnevale di Venezia은 대표적인 도시 이벤트로 남아 있고, 각양각색의 가면은 본래의 얼굴을 숨기기 위한 또 하나의 얼굴로서 기능한다. 베네치아 기념품 가게에서 빼놓을 수 없는 상품이 바로 가면이기도 하다. 아름다운 가면이 베네치아의 일상적이지 않은 얼굴로 존재한다면, 초인종은 일상의 가면으로 존재하는 것일지도 모르겠다. 그리고 그 가면은 베네치아를 알기 위한 입구가 된다. 그 뒤에는 생활인으로 살아가는 베네치아 사람들의 맨얼굴이 숨겨져 있기 때문이다.

관심을 갖기 시작하면 멈추지 않는 성격이 베네치아에서 또 도지고 말았다. 철물점 위치를 수소문해 초인종을 사고 말았으니까. 찾는데 고생하겠지 싶었는데 싱거울 정도로 쉽게 찾았다. 역시나 상인의 도시답게 쉽게 손에 넣을 수 있었다. 여전히 그 초인종을 내 작은 보물로 간직하고 있다. 언젠가 내가 설계한 주택에 베네치아 초인종을 달겠다는 계획을 남몰래 꾸미면서.

다양한 표정의 베네치아 초인종

7

좋은 사람은

좋은 사람과 만난다

독일을 대표하는 문호 괴테는 추운 바이마르 Weimar에서 지중해의 빛을 찾아 이탈리아로 여행을 떠났다. 그는 고대하고 고대하던 로마에 입성한 순간의 감동을 다음과 같은 글로 남겼다.

> 간신히 포르타 델 포폴로Porta del Popolo, 로마의 북문에 다다르자, 비로소 로마에 도착했다는 확신을 얻을 수 있었다. (중략) 누구든 북방에 있으면 몸과 마음이 그곳에 사로잡혀버리기 때문에 남국에 대한 관심이 사라져버린다는 것을 알고 있다. 그래서 길고 고독한 여행을 결심했다. 저항하기 힘든 욕구로 나를 잡아끌고 있는 그 중심지를 방문해야겠다는 마음이 들었다.
>
> _『이탈리아 기행Die Italienische Reise』 중

나도 마찬가지였다. 기대감으로 부푼 가슴을 안고 이 땅에 처음으로 발을 디뎠다. 그리고 나는 그곳에서 생각지도 못한 환대를 받았다.

1999년 스무 살의 여름. 그리스에서 시작한 첫 배낭여행이 2주 정도 흘렀을 무렵이었다. 예상과 달리 영어가 잘 통하는 것에 안도하며 여행에도 약간은 익숙해졌을 때였다. 이탈리아 동부 베로나에서 기차를 타고 로마로 향했다. 누구나 동경하는 '영원의 도시' 로마. 18세기 말 마차를 탄 괴테는 보르게제Borghese 공원 옆 포폴로 광장Piazza del Popolo을

로마의 현관 포폴로 광장. 괴테는 이 광장을 통해 로마에 입성했다.

통과해 로마에 들어섰고, 20세기 말 나는 기차를 타고 테르미니^{Termini} 역을 통해 로마에 들어섰다.

1년 후로 다가온 2000년 밀레니엄을 기념하기 위해 테르미니 역은 대규모 개보수 공사가 한창이었다. 열차에서 내린 나는 판테온행 지하철 승강장을 찾아 넓은 역사 내부를 걷고 있었다. 로마의 지하철은 도쿄와는 도저히 비교할 것이 못 된다. A와 B 두 노선밖에 없기 때문에 전차에 타기만 하면 헤매려야 헤맬 수가 없다. 하지만 여기저기에서 벽을 보수 중이었고 바닥 돌을 새로 까는 등 그야말로 공사현장을 방불케 했다. 먼지가 풀풀 날리는 인적 드문 역을 빠져나가다 지하철로 내려가는 계단을 겨우 발견했다.

그때였다. 집시 가족이 갑자기 나를 둘러쌌다. 엄마처럼 보이는 여자 하나에 아이가 넷이었다. 다섯 명이 일제히 손을 뻗어 내 몸을 만지기 시작했다. 한 사람은 다리를 만지고 또 한 사람은 엉덩이를 두드리고, 또 다른 사람은 'Help Us'라고 쓰인 너덜너덜한 박스 조각을 내 배 쪽으로 들이밀었다. "Hey, get out! Leave me alone, get off of me!" 하고 외치며 있는 힘을 다해 그들을 쫓았다. 고작 1분 남짓한 공방에 녹초가 되어 지하철로 향하는 계단을 터덜터덜 내려갔다.

중심가까지 가는 표를 사려고 보니 힙색의 지퍼가 열려 있었다. 조심한답시고 배 쪽으로 차고 있었건만. 유일하게 여권만 사라졌다. 온몸의 피가 빠져나가는 것 같았다. "오 마이 갓!"

한순간 머릿속이 하얘졌다. 곧바로 왔던 길을 되돌아 뛰었다. 이미 늦었다. 집시 가족의 모습은 없었다. 낙담한 나는 역 안에 있는 경찰서로 들어가 사정을 설명했다. 경찰관은 '또 소매치기군' 하는 심드렁한 표정이었다.

그랬다. 'Help Us'라 쓰인 박스 조각을 배 쪽으로 들이밀며 내 시선을 가린 후 힙색의 지퍼를 열었던 것이다. 프로의 기술이었다. 하지만 그 교묘함에 감탄하고 있을 상황이 아니었다. 어이없는 일을 당해 점점 침울해지고 있었다. 그때 "어이, 이거 자네건가?" 하며 내 여권을 든 다른 경찰관이 경찰서로 들어왔다.

"엇! 어디서 찾으셨어요?"

"지하철로 내려가는 계단 근처에서 집시 여자가 주웠다고 주던데?"

"아니에요. 그 집시가 소매치기한 겁니다. 그 사람이 범인이에요."

"안됐지만 소매치기는 현행범으로만 체포할 수 있네. 여권이 돌아온 것만으로도 자넨 행운아야."

유럽의 화폐가 유로화로 통일되기 전이라 로마에 도착해서 제일 먼저 할 일은 환전이었다. 환전을 하려면 신분증명서가 필요하기 때문에 여권 안에 2만 엔을 끼워서 준비를 해 두었다. 그 덕을 봤다고 해야 할까? 집시 가족은 아마도 여권 속에 끼워져 있던 예상 밖의 큰돈에 만족하고 여권을 돌려준 것이었을 테니 말이다.

'불행 중 다행이다. 2만 엔은 수업료로 냈다고 생각하자.' 마음을 고쳐먹고 테르미니 역 경찰서에서 나왔다. 하지만 석연찮았다. 그 상태로는 도저히 로마 거리를 관광할 기분이 나지 않았다. 내 우울한 기분처럼 잔뜩 흐린 하늘. 온몸은 기분 나쁜 땀에 잔뜩 젖어 있었다. 멀리 보이는 요상한 모양의 로마 소나무가 천천히 흔들리는 풍경만이 묘하게 인상적이었다.

유레일패스를 이용해 다른 열차를 탔다. 산 피에트로 대성당San Pietro Basilica도 캄피돌리오Campidoglio 언덕도 가지 않은 채 막을 내린 나의 첫 로마 여행. 시간으로 보자면 겨우 2시간 남짓 될까? 다음에 또 기회가 있을 거라고 스스로를 위로하며 밀라노로 향했다.

그 후에도 나는 야간열차나 이런저런 곳에서 만난 여행 친구들에게 로마에서 벌어진 사건에 대해 계속 푸념을 늘어놓곤 했다. 배낭여행족은 금세 의기투합하여 여행 정보도 교환하는데 그럴 때마다 나는 이렇게 말했다. "로마는 치안이 나빠. 최악의 도시야." 그러다가 스페인 바르셀로나에서 마드리드로 향하는 열차에서 실비아라는 이탈리아인과 합석하게 되었다. 내 푸념을 들은 그녀는 목소리를 높였다. "그렇지 않아. 로마는 역사적인 것들로 넘쳐나는 최고의 도시야." 실비아는 로 로마에 있는 스페인 광장.
17세기에 교황청의 스페인 대사관이
이곳에 본부를 두면서 이름 붙여진 곳이다.
영화 <로마의 휴일>에서 오드리 헵번이
아이스크림을 먹은 곳으로도 유명하다.

마 출신이었고 런던에서 경제학을 공부하고 있는 학생이었다. 물론 그녀 역시 배낭여행 중이었다. 그녀에게 내 스케치북을 보여주니 당장 이런 말이 돌아왔다. "유스케, 이거 정말 대단한데! 언제든 다시 로마에 와. 그때는 내가 안내해줄게. 보여주고 싶은 교회와 미술관이 잔뜩 있으니까!"

이듬해인 2000년 여름, 다시 로마에 갔다. 이번에는 실비아라는 친구가 로마에 있다. 든든하다는 말만으로는 부족할 정도였다. 마치 영화 〈로마의 휴일〉처럼 둘이서 스쿠터를 타고 다녔다. 실비아는 뜨뜻미지근한 바람을 가르고 달리며 내게 로마의 거리를 안내해주었다. 운전을 실비아가 했으니 뒤에 탄 나는 그레고리 펙이 아닌 오드리 헵번 역할이었지만.

우리는 먼저 판테온으로 향했다. 1년 넘게 숙성시킨 보람이 있었다. 건축 자체의 숭고함이 고스란히 내게 전해져왔다. 직경 43.2미터의 구체가 쑥 들어갈 만큼 거대한 돔이 판테온의 관람 포인트다. 아니 그보다는 거대한 돔 꼭대기에 뚫린 구멍에서 들어오는 태양광 그 자체가 관람 포인트라 할 수 있다. 구멍을 통해 둥글게 잘려서 더 아름다운 푸른 하늘이 보인다. 당연하게도 비가 오는 날엔 빗물도 안으로 떨어진다. 천장에 뚫린 구멍을 통해 들어오는 숭고한 태양광이 내 마음을 사로잡아버렸다. 둥근 빛이 마치 해시계처럼 올록볼록한 돔 내부 천장을 따라 움직이고 있었다. 고대의 시간을 느끼며 그 광경을 오래도록 바라보았다.

다음으로 실비아가 데리고 간 곳은 콜로세움^{Colosseum}과 포로 로마

판테온의 돔 천장에 비치는 천창의 빛

노^{Foro Romano} 같은 유적지였다. 영화나 TV에서만 봤던 풍경이 눈앞에 펼쳐지자 흥분됐다. 폐허와 도시가 자연스럽게 융화되어 있었다. 어딜 가건 이 도시는 방문객을 따뜻하게 받아들여준다는 느낌이 들었다. 그 느낌은 아마도 폐허와 도시가 조화를 이루며 풍기는 분위기 때문인지도 모르겠다. 지금도 여전히 살아 숨 쉬고 있는 곳곳의 폐허가 로마를 로마답게 만들어주고 있다는 생각이 들었다.

실비아가 운전하는 스쿠터는 맹렬한 속도로 우둘투둘한 돌바닥 길을 사정없이 달렸다. 그녀는 자기가 좋아하는 광장에도 나를 데려갔다. 예전에는 꽃이 만발한 초원이었다고 하는 캄포 데 피오리^{Campo de Fiori} 광장이었다. 낮에는 꽃시장으로 북적대고 밤에는 바가 들어서서 젊은이의 거리로 변신하는 캄포 데 피오리는 두 가지 얼굴을 지닌 활기 넘치는 광장이었다.

실비아는 나를 가족에게 소개해주기도 했다. 다들 첫 만남인데도 마치 가족의 일원인 양 따뜻하게 맞아주었다. "원하는 만큼 있다 가도 돼." 이탈리아에 생각지도 못한 친척이 생긴 것 같은 기분이 들었다. 미소가 아름다운 실비아의 어머님이 만들어주셨던 제노베제 파스타와 라자냐. 신선한 바질이 듬뿍 들어간 그 맛을 지금도 잊을 수가 없다. 최고급 버진 올리브오일에 빵을 찍어 먹는 것만으로도 감동했다. 깊은 향의 포르치니 버섯이 좋아진 것도 실비아 어머님의 요리를 먹은 후부터였다. 그때 먹었던 이탈리아 집밥이 지금까지 먹었던 그 어떤 이탈리안 레스토랑 요리보다 맛있었다.

　4박 5일의 로마 여행을 마치는 날, 실비아는 스쿠터로 나를 테르미니 역까지 바래다주었다. 가벼웠던 배낭도 꽤 무거워져 있었다. 유리로 뒤덮인 모던한 건물로 개보수된 테르미니 역사가 당당한 모습으로 서 있었다. 작년에 집시 때문에 생긴 나쁜 기억을 지울 수 있었던 것도,

스케치를 끝냈을 무렵,
콜로세움까지 나를 데리러 와준 실비아

실비아가 이끌고 간 콜로세움
영화에서 보던 풍경이 눈앞에 펼쳐졌다.

로마라는 도시가 좋아진 것도 모두 실비아 덕분이었다. 뭔가 보답하고 싶다는 내 말에 실비아는 이렇게 말했다. "신경 안 써도 돼. 언젠가 내가 도쿄에 가면 그때 안내해줘." 그리고 고맙다는 말을 반복하는 내게 그녀는 이런 말을 남겼다.

GOOD PEOPLE MEET GOOD PEOPLE.
좋은 사람은 좋은 사람과 만난다.

Architecture Note

©Keith Yahl

판테온
Pantheon

판테온은 '모든 신'이라는 뜻의 그리스어로, 말 그대로 모든 신들을 위한 신전이다. 로마제국의 집정관 아그리파가 처음으로 건축하였으나 화재 등으로 소실과 재건을 반복하였다. 현재의 판테온은 로마제국의 전성시대에 이끈 다섯 황제 중 하나로 손꼽히는 하드리아누스 황제 때 재건한 것이다. 전면은 그리스 신전을 연상시키는 직사각형 구조이고 본당은 원형이다. 원형 돔까지의 높이는 약 43m이며, 벽면에는 창문이 없고 돔에 뚫린 지름 9m의 천창으로 햇빛을 받아들인다.

위치 : 이탈리아 로마
준공 : 2세기

산 피에트로 대성당
San Pietro Basilica

'성 베드로 대성당'이라고도 한다. 예수의 열두 제자 가운데 한 사람인 성 베드로의 무덤 위에 세워진 작은 성당을 재건한 것이다. 최대 6만 명을 수용할 수 있는 거대한 성당으로 500개에 달하는 기둥과 400개가 넘는 조각상이 서 있고, 벽면은 모자이크 그림으로 장식되어 있다. 특히 대성당 입구에 세워진 미켈란젤로의 조각 '피에타'가 유명하다.

위치 : 바티칸 시국
준공 : 16~17세기
건축가 : 브라만테, 미켈란젤로, 마테르노 등

©Ludmiła Pilecka

©Jerzy Strzelecki

콜로세움
Colosseum

로마제국의 플라비우스 왕조 때 세워진
타원형의 원형 경기장으로, 직경의 긴
쪽은 188m, 짧은 쪽은 156m, 둘레는
527m이다. 외벽의 높이는 48m이며,
약 5만 명을 수용하는 계단식 관람석이
설치되어 있다. 검투 경기, 맹수 사냥
등 대중을 위한 각종 공연이 펼쳐진
오락시설이었으며, 그리스도교를 탄압하던
시대에는 신도들을 학살하는 장소로도
이용되었다고 한다.

위치 : 이탈리아 로마
준공 : 1세기

포로 로마노
Foro Romano

콜로세움과 베네치아 광장 사이에 위치한
고대 로마의 유적지이다. 로마에 남아
있는 가장 오래된 도시 광장으로 지금은
폐허가 되어 돌무더기 잔해만 남아
있지만, 로마시대 정치·상업·종교 활동의
중심지였기에 감옥, 원로원, 신전 등 오래된
도시의 모습을 엿볼 수 있다.

위치 : 이탈리아 로마

©Bert Kaufmann

8

로마의 오아시스와
일그러진 진주

로마 이야기를 조금 더 해볼까 한다. 햇빛이 내리쬐는 한여름의 로마는 지중해 특유의 더운 날씨다. 하지만 습도가 그리 높지 않고 건조하기 때문에 그늘로 들어가면 의외로 선선하다. 피라네시의 동판화에서 봤을 법한 유적으로 가득 찬 포로 로마노를 산책하며 고대의 시간에 몸을 담근 후, 커다란 오렌지 색 파라솔이 있는 카페에서 한숨 돌린다. 다음 목적지로 향할 원기를 회복하면 다시 걷기 시작한다.

　　하지만 로마 여행 상급자라면 페트병을 들고 거리로 나선다. 이 거리에는 어딜 가든 분수가 있기 때문이다. 시원하고 맛있는 물이 기세 좋게 뿜어 나오는 분수. 그 물을 받아서 목을 축이는 것이 로마를 여행하는 또 하나의 재미다. 물론 조각으로 멋들어지게 장식한 트레비 분수 Fontana di Trevi처럼 모든 분수의 물을 먹을 수 있는 건 아니다. 하지만 주의 깊게 둘러보면 커다란 분수부터 작은 분수까지 거리 여기저기에 먹을 수 있는 물이 샘솟는 분수가 있다.

　　길모퉁이 한쪽에 오도카니 자리 잡고 있는 작은 분수로 향한다. 대롱처럼 생긴 물구멍이 아래를 향해 있고, 그 대롱을 통해 물이 계속 흘러나온다. 잘 보면 대롱 중간에 위쪽으로 뚫린 구멍이 있다. '응? 이건 무슨 구멍이지?' 잠시 생각하고 있는 사이 초등학생 또래의 남자아이가 달려와서는 손가락으로 대롱의 출구 부분을 막았다. 그러자 위쪽으

분수의 물을 페트병에 담아 가지고 다니며
그렸던 스페인 광장의 수채화

로 뚫린 구멍으로 물이 솟아나왔고 소년은 그 물을 달게 마시기 시작했다. '아하, 구멍은 그런 용도로 쓰이는 거구나.' 또 한 번 이탈리아 디자인에 놀라고 만다.

　예로부터 물은 사람이 모여 사는 데 빼놓을 수 없는 중요한 자원이었고, 여기 로마도 예외는 아니다. 로마에는 테베레Tevere 강이 있다. 그러나 여러 사람이 물의 은혜를 누리기 위해서는 수원水源인 강에서부터 수도를 정비해야 한다. 물을 지배하는 자가 도시를 지배한다고 했던가. '아피아 가도Via Appia, 고대 로마의 간선도로'가 대표적으로 보여주듯, 고대 로마인은 도시 인프라 정비기술이 뛰어났다. 마치 사람 몸 구석구석을 달리

는 혈관처럼 로마 여기저기 빽빽이 깔린 수도관들. 그 위에 힘차게 세워진 대도시, 그것이 바로 로마다. 그리고 그 수도관의 존재를 땅 위에 드러내려는 듯, 로마 여기저기에는 분수가 설치되어 있다. 특히 시민의 쉼터인 광장에는 어디든 분수가 있다. 움직이지 않는 건축에 비해 계속해서 흐르는 물은 오감에 호소하는 존재다. 그야말로 도시의 오아시스라고나 할까.

그러고 보니 제일 처음 배운 이탈리아어도 물에 관한 거였다. 카페에서 미지근한 콜라가 나와 곤혹스러웠을 때 실비아에게 'con ghiaccio^{with ice}'라는 말을 배웠다. 문장 끝에 그 말을 덧붙이면 얼음을 넣은 음료가 나온다. 신기하게도 이렇게 실전을 통해 배운 외국어는 아무리 나이가 들어도 까먹지 않는다.

로마를 여행하면서 크고 작은 분수와 참 많이 만났다. 많은 사람이 관광 명소로 손꼽는 트레비 분수는 광장 면적에 비해 분수가 차지하는 면적이 압도적으로 컸다. 풀장처럼 넓어서 마치 장대한 야외무대가 광장에 설치된 것처럼 보이기도 한다.

다음으로 머릿속에 떠오르는 분수는 나보나 광장Piazza Navona에 있는 근사한 조각 분수다. 원래 전차경기장이었던 까닭에 광장은 가늘고 긴 고리 모양을 하고 있는데, 그 안에 몇 개의 분수가 있다. 그중 하나가 바로크를 대표하는 건축가 잔 로렌초 베르니니Gian Lorenzo Bernini, 1598~1680가 설계한 피우미 분수Fontana Dei Fiumi다.

당시의 건축가는 지금의 건축가와 다르게 예술가의 정점에 군림하는, 사회적 지위가 높은 존재였다고 한다. 그들은 건물뿐만 아니라 분수 조각 등 폭넓은 분야의 작품을 제작했다. 물 항아리를 든 울퉁불퉁한 근육질의 남자 넷을 모티브로 한 피우미 분수 중심에는 오벨리스크obelisk가 드높이 솟아 있다. 남자들이 들고 있는 물 항아리는 각각 4대 강인 나일 강, 갠지스 강, 다뉴브 강, 라플라타 강을 상징한다고 한다.

로마에는 분수 때문에 건물 이름이 정해진 곳도 있다. 산 카를로 알레 콰트로 폰타네 성당San Carlo alle Quattro Fontane이 그렇다. 콰트로 폰타네는 이탈리아어로 '네 개의 분수'를 뜻하는 말로 성당 네 귀퉁이에 분수가 있어 이런 명칭으로 불리게 되었다. 콰트로 폰타네 성당의 분수는 로마를 흐르는 테베레 강을 상징한다고 한다. 구불구불 굴곡진 외벽에

오벨리스크가 높이 솟은 나보나 광장의 피우미 분수

산 카를로 알레 콰트로 폰타네 성당의 굴곡진 파사드

가만히 자리 잡고 있던 타원형 창이 강한 인상을 남겼다.

창의 모양이 타원형이라는 점이 바로크 건축에서는 상당히 중요하다. 시대는 17세기. 이 성당을 설계한 프란체스코 보로미니Francesco Borromini, 1599~1667는 바로크 건축의 주인공이라고 할 수 있는 인물이다. 바로크는 포르투갈어로 '일그러진 진주'를 의미하는데, 그렇기 때문에 중심을 하나밖에 가지지 않는 완벽한 원형이 아닌 두 개의 접점을 가지는 타원이 바로크 건축 디자인의 중심 모티브로 자리 잡게 되었다. 이는 정적인 원이나 정사각형이 아닌 동적인 타원, 직사각형, 평행사변형이 그 시대에 자주 이용되었다는 것에서도 알 수 있는 사실이다. 격동의 시대는 변화를 두려워하지 않고 역동적으로 움직이기 마련이다.

보로미니는 창문뿐만 아니라 평면 디자인에서도 타원형을 사용했다. 돔 형태의 천장 역시 타원형이다. 그 타원의 긴 쪽 방향으로 입구와 제단이 배치되어 있는데, 실내에 서서 하늘을 올려다보면 공간에 빨려들 것 같은 기분이 든다. 천장 중심에는 천창이 들어간 작은 탑이 설치되어 있어 부드러운 빛이 그곳을 통해 간접적으로 들어온다.

작은 돔형 천장, 즉 성당의 중심에는 마치 십자가를 연상시키는 형상으로 비둘기가 새겨져 있다. 천장을 올려다보고 있으면 비둘기 너머로 천국의 풍경이 펼쳐져 있는 건 아닐까 나도 몰래 상상하게 된다.

두꺼운 벽을 지나 성당 내부로 들어선 사람은 타원의 긴 방향을 따라 공간을 체험하게 된다. 그렇기 때문에 시선은 자연스레 안쪽으로 향하다가 수직 방향으로 이동한다. 이렇게 수직으로 전개되는 시선 때문에 저 먼 하늘까지 연결된 느낌이 드는 건지도 모르겠다. 무한히 확장

되어가는 공간감이야말로 보로미니가 만들어낸 바로크 건축의 특징이라 할 수 있을 것이다.

보로미니에게는 같은 시대를 살아간 라이벌이 있었다. 파우미 분수를 설계한 베르니니가 바로 그 주인공이다. 조형미가 빼어난 그의 조각 작품으로도 알 수 있듯, 베르니니는 미적 감각이 뛰어나 장식적이며 호화로운 인상을 주는 건축에 탁월했다. 기쁘게도 보로미니가 설계한 콰트로 폰타네 성당에서 몇 백 미터 걸어가면 베르니니가 설계한 산 탄드레아 알 퀴리날레 성당Sant'Andrea al Quirinale과 만날 수 있었다.

베르니니 역시 평면 디자인에 타원을 이용하였다. 바로크와 타원의 관계는 확고하다. 그러나 타원의 긴 쪽에 입구와 제단을 배치한 보로미니와 달리 베르니니는 짧은 쪽에 입구와 제단을 배치했다. 이 작은 차이가 불러오는 효과는 상당히 컸다. 건물에 들어서자마자 공간이 순식간에 바싹 다가섰고, 그와 동시에 일체감이라 해도 좋을 감각이 느껴졌다. 산 탄드레아 성당 안에서는 시선이 저절로 수평으로 확산된다. 그리고 그 수평면 위에 배치된 화려하고 아름다운 조각 작품을 감상하게 된다. 마치 원근법을 강조하듯 점점 크기가 작아지는 육각형 장식으로 뒤덮인 천장 중심에는 보로미니의 성당과 마찬가지로 타원의 천창이 만들어져 있다. 오렌지 빛의 따뜻한 태양광이 그 창을 통해 성당 안으로 쏟아져 들어온다.

보로미니의 공간이 세로의 움직임을 유발한다면, 베르니니의 공간은 가로로 흔들리는 감각을 불러일으킨다. 두 성당의 공통점은 타원을 차용하면서 어떤 움직임을 촉발하여 공간 체험을 유도하는 것이라

산 탄드레아 성당의 파사드
콰트로 폰타네 성당과 비교하면 차분한 느낌을 준다.

산 탄드레아 성당의 천장과 천창
타원을 모티브로 삼고 있다는 점은 같지만, 산 탄드레아 성당과 콰트로
폰타네 성당은 시선을 유도하는 방식이 다르다.

고 생각한다. 그것이야말로 바로크 건축에 담긴 풍요로움일 것이다.

두 성당은 반드시 같은 날 비교해보는 게 좋다. 동시대를 살아간 두 거장의 대조적인 작업을 통해 바로크 건축이 지닌 예술적 깊이를 느낄 수 있을 테니 말이다.

나보나 광장 서쪽에는 보로미니의 또 다른 대표작 중 하나인 산 타네제 성당Sant' Agnese in Agone이 있다. 그 바로 앞이 베르니니의 피우미 분수다. 그런데 분수 속 네 개의 조각상 중 그 어떤 것도 산 타네제 성당 쪽을 보고 있지 않다. 아니, 그 정도가 아니라 봐서는 안 되는 추한 것이라도 있는 듯 눈을 돌리고 있는 것처럼 보일 정도다. 조각상의 시선 처리는 바로크를 대표하는 두 거장 간의 라이벌 관계와 자긍심 높은 로마인의 기질을 엿볼 수 있는 재밌는 일화라고 할 수 있겠다.

베르니니의 피우미 분수 조각상. 라이벌인 보로미니의 산 타네제 성당을 결코 바라보지 않겠다는 느낌으로 만들어져 있다.

Architecture Note

산 타네제 성당
Sant'Agnese in Agone

교황 인노켄티누스 10세 때인 1652년 지롤라모 라이날디(Girolamo Rainaldi)가 공사를 시작하였고 이듬해에 보로미니가 이어받아 설계를 수정하여 건축하였다. 성당의 이름인 '산 타네제(성 아그네스)'는 로마 가톨릭의 처녀 순교자이다.

위치 : 이탈리아 로마
준공 : 17세기
건축가 : 프란체스코 보로미니

©Jensens

산 카를로 알레 콰트로 폰타네 성당
San Carlo alle Quattro Fontane

프란체스코 보로미니가 처음 독립적으로 설계한 바로크 성당이다. 그는 비정형 건축을 추구하여 건축 설계에 독특한 창의성을 가미하였다. 대표작으로 손꼽히는 이 성당 역시 타원형 돔을 걸치고 있으며, 평면이 매우 복잡하다. 벽체도 역동적인 곡선을 그려 보로미니의 자유로운 비정형주의를 느끼게 한다.

위치 : 이탈리아 로마
준공 : 1641년
건축가 : 프란체스코 보로미니

©Welleschik

©Benson Kua

로마에서 가장 큰 분수이자 가장 유명한 분수이다. 15세기 교황 니콜라우스 5세의 지시로 처음 만들어졌고, 18세기에 교황 클레멘스 13세가 설계공모를 거쳐 현재 모습으로 단장하였다. 높이는 약 26m, 너비는 약 20m이다. 트레비 분수에 동전을 던지면 소원이 이루어지거나 로마에 다시 오게 된다고 믿는 전통이 있어, 이곳에 가면 관광객이 던진 전 세계 동전을 모두 볼 수 있다고도 한다.

위치 : 이탈리아 로마
준공 : 1762년
건축가 : 니콜라 살비(Nicola Salvi)

베르니니가 지은 첫 번째 교회 건축이다. 건물 구성은 단순 명쾌하나 뛰어난 동적 디자인으로 인해 발생하는 빛에 의한 음영 효과가 전형적인 바로크적 성격을 보여준다. 내부는 타원형으로 설계되어 독특한 아름다움을 풍긴다.

위치 : 이탈리아 로마
준공 : 1670년
건축가 : 잔 로렌초 베르니니

©Croberto68

9

섬세한 공간의 마법사,
카를로 스카르파

이탈리아에 가면 꼭 만나야 하는 건축가가 있다. 경애하는 그 이름, 카를로 스카르파Carlo Scarpa, 1906~1978. 언뜻 '불량 아저씨'처럼 보이는 인상에 흰 수염과 매부리코가 트레이드마크인 카를로 스카르파는 베네치아 태생으로, 파울 클레Paul Klee, 1879~1940 등 화가의 전시회 공간을 디자인하면서 건축 경력을 쌓기 시작했다. 그 후 스카르파는 베네치아 대학에서 학생들을 가르치는 동시에 수많은 리노베이션 건축을 만들어냈고, 그 작업을 통해 건축가로서 국제적인 지위를 확고히 해나갔다.

내가 스카르파에게 관심이 생긴 건 대학 시절에 참가한 워크숍에서 들은 강의에서였다. 건축가 후루야 노부아키古谷誠章 씨의 강의였다. 슬라이드로 진행된 노부아키 씨의 강의는 스카르파의 작업을 실제로 체험하는 듯 흥미진진했다. 그중 인상적이었던 건 공간을 체험하는 시선의 움직임이나 빛의 변화로 그의 작품을 설명한 부분이었다. 빛은 어둠 속에서 비로소 존재한다는 것, 그림자와 빛의 공간이 서로 포개어져 있다는 것 등 사진만으로는 좀처럼 이해하기 어려운 스카르파 건축의 본질이 자세하고 알기 쉽게 풀어져나갔다. 그리고 그것이 베네치아라는 도시가 지닌 복잡한 구조와 서로 닮아 있다는 마무리 부분에서는 감동한 나머지 가슴이 떨렸다.

스카르파는 어떻게 해서 그런 매력적인 공간을 남길 수 있었던 걸까? 확실한 이유 중 하나는 그의 작업 대부분이 신축이 아닌 리노베이션 작업이었다는 데 있다. 신축 건물을 설계할 때에는 부지나 주변 환경과의 관계를 생각하며 디자인한다. 그러나 리노베이션의 경우 기존의 건물이 이미 있기 때문에 신축보다 건축적 제약이 현저히 많다. 낡은 건물을 주의 깊게 관찰하고 살릴 것을 살려가며 죽은 공간을 재생해나가야 한다. 새로운 숨을 불어넣는 리노베이션을 두고 '공간의 응급처치'라고도 할 수 있지 않을까. 이렇듯 리노베이션에는 신축 건물 설계보다 몇 배나 많은 노력과 상상력이 필요하다. 이탈리아에 유독 우수한 회화 복원사와 매력적인 리노베이션 프로젝트가 많은 데는 분명 특별한 이유가 있을 것이다. 어쩌면 이탈리아인의 기질 속에 공예에 대한 애착과 더불어 세월이 깃든 오래된 것을 소중이 사용하려는 문화가 있기 때문인지도 모르겠다.

　젊은 시절 스카르파는 베네치안 글라스Venetian glass의 생산지인 무라노Murano 섬에서 장인 교육을 받았다. 설계란 종이 위의 산물로 그치는 것이 아니다. 정밀한 계획 아래 소재를 가공하여 매력적인 것으로 변신시키는 것이다. 아마 무라노 섬에서 장인 교육을 받던 시절부터 이러한 사실이 스카르파의 몸속 깊이 스며들었으리라. 베네치안 글라스의 반짝임은 오래 이어져 내려온 지혜와 노력으로 탄생한 기술의 산물이다. 아마도 유리 공예가로 일하면서 길러진 미시적 사고가 스카르파의 리노베이션에도 커다란 역할을 했을 것이다. 스카르파가 섬세하면서도 역동적으로 움직이는 시적詩的 공간을 잇달아 만들어낼 수 있었던 건 그의 경력과 관련 있을 것이다.

로미오와 줄리엣으로 유명한 도시 베로나Verona. 이곳에 스카르파의 대표작이 있다. 베로나를 흐르는 아디제Adige 강을 가로지르는 스칼리제로 다리Ponte Scaligero와 연결된 성. 14세기에 만들어진 이 성을 개보수해서 만들어진 카스텔베키오Castelvecchio 미술관이다.

어느 여름 날, 중후한 성문을 통과해 카스텔베키오 미술관의 중정에 발을 디뎠다. 그 순간 펼쳐진 정적의 세계에 어쩐지 온몸이 떨렸다. 카스텔베키오 미술관은 대리석과 금속 소재를 깊이 이해한 후 세부까지 섬세하게 디자인한 공간이었다. 그리고 지나치게 자신만을 주장하는 게 아니라 서로 조화를 이루고 있는 공간이기도 했다. 카스텔베키오 미술관은 신축 미술관보다 훨씬 더 강한 '장소의 힘'을 발하고 있었다. 밀도가 농후한 공간이었다.

스카르파는 미국의 거장 프랭크 로이드 라이트Frank Lloyd Wright, 1876~1959에 심취해 있었다고 한다. 그래서 그런지 스카르파의 건축에서 프랭크 로이드 라이트의 건축적 특징이 많이 보였다. 가장 비슷한 부분은 직선적인 디자인이었다. 다양한 재료로 직선을 만들고 그것을 조합해 구성한 공간에서 깊이감이 느껴졌다. 마치 미닫이문처럼 공간을 부드럽게 구획하는 장치로 사용된 격자도 아름다웠다. 이처럼 능숙하게 계획된 여러 장식들이 건물 여기저기에 보석처럼 추가되면서 폐허와 다름없었던 건축에 생기가 불어넣어졌고, 새로운 공간으로 재탄생할 수 있었다.

보다 좋은 공간으로 만들려는 스카르파의 상상력이 최대한으로 발휘될 수 있었던 건 기존 공간에 경의를 품고 있었기 때문일 것이다.

01
02   03

01
카스텔베키오 미술관의 중정

02
적재적소에 배치된 조각상들.
안쪽 막다른 곳에는 격자문이
설치되어 있다.

03
성벽 위에서 바라본 기마상.
아름다운 빛의 대조 속에
기마상의 등 부분이 보인다.

그저 있는 그대로 보존하려는 말랑말랑한 디자인과는 전혀 달랐다. 스카르파의 디자인은 세부에 주의를 기울이며 정성 들여 수정하면서 상승효과를 만들어내는 디자인이었다. 그리고 그것이 기하학과 공명하면서 어느새 완벽한 조화를 이루는 건축이 탄생한 것이다.

미술관 내부에 생각지도 못한 배치로 장식되어 있는 조각들에 대해서는 절묘하다는 말 이외에는 표현할 방도가 없다. 빛이 안내자가 되어 자연스레 우리를 인도한다. 생각하지 않아도 저절로 발이 움직이는 '억지가 없는' 동선이다. 때로는 뒷모습을 보이는 조각들 사이에서 몸을 조금만 움직이면 다음 조각상과 자연스레 눈이 마주치고는 한다. 카스텔베키오 미술관에서는 수세기 전에 만들어진 성스러운 조각들을 다양한 각도와 관계성 안에서 감상할 수 있었다. 마치 그림극 속에 들어와 있는 것 같은 느낌이었다. 스카르파가 관객에게 건넨 공유 체험이라고나 할까.

누가 뭐래도 클라이맥스는 다리 위에 설치된 기마상 조각이다. 중정에서도 단번에 시야에 들어오며 상징적인 느낌을 풍긴다. 공간 여기저기에서 기마상의 다양한 표정을 즐길 수 있도록 궁리한 흔적이 느껴진다. 언뜻 보면 외면하는 듯 보이는 배치지만, 동선을 따라 몸을 움직일수록 기마상과의 현장감 있는 만남이 준비되어 있음을 알게 된다. 그 풍부한 연출이야말로 스카르파 건축의 진면목이다.

또한 흰 조각 뒤로는 검은 철판 벽을, 검은 조각 뒤로는 희끄무레한 흙벽을 각각 효과적으로 배치하는 등 스카르파는 건축의 표면을 장인의 정교함으로 아름답게 디자인했다. 이를 통해 우리는 반전을 거듭하는 '배경'과 '작품'을 체험할 수 있으며, 미술관의 주인공인 예술품들을 최고의 상태로 감상할 수 있다. 또한 카스텔베키오 미술관은 자연광을 끌어들이는 방식도 꼼꼼히 계산하여 만들어졌다. 이를 통해 스카르파가 복잡한 콘트라스트를 여러 겹 겹쳐 공간을 만들어내는 능력도 뛰어났음을 알 수 있다.

이러한 그의 노력을 충분히 맛보려면 어느 한 점에 멈춰 서 있으면 안 된다. 여기저기 돌아다니면서 강물이 흐르듯 시선을 자유롭게 두어야 자연스레 점과 점이 이어지면서 선이 만들어져나간다. 이런 연쇄작용으로 만들어진 리듬은 기분 좋게 우리를 감싼다. 마치 푸치니 오페라의 풍부하고 윤택한 음악처럼 말이다.

기존의 상태를 적확히 이해하고 정교하게 소재를 조합해내는 완성도 높은 스카르파 디자인. 그 디자인의 원점은 다름 아닌 그의 스케치북 속에 있다. 한 번쯤 스카르파의 작품집을 펼쳐보시길. 연필과 색연필로 그린 아름답고 가벼운 선이 종이 위에서 춤이라도 추는 듯 약동감 넘친다. 감탄이 절로 나온다. 도면이라기보다는 스케치라고 부르고 싶을 만큼의 생동감이 있다.

수많은 선으로 이루어진 그의 스케치에서 손과 머리의 순발력 있는 대화의 흔적을 엿볼 수 있다. 오직 그 순간에만 그릴 수 있었을 스케치의 연속. 계단 디테일부터 창을 내는 방식, 문 손잡이, 기둥 모퉁이의 마감 방식에 이르기까지 종이 한가득 빽빽하게 그려져 있다. 그는 앞으로 탄생할 공간의 확실한 느낌을 자신의 화려한 손놀림을 통해 확인하고 있었던 것이리라.

종정에서 바라본 기마상.
점심 먹는 것도 잊어버릴 만큼
깊이 빠져들어 스케치했다.

스카르파의 건축적 상상력을 불러일으키는 대상은 분명 건축 공간이었다. 그러나 그저 거기에 존재하는 그릇으로서의 공간만 대상으로 삼지는 않았다. 스카르파의 스케치에는 인간이 빈번하게 등장한다. 엉덩이가 약간 큰 여자가 의자에 앉아 있거나 서 있는 모습을 그려 넣은 것을 볼 수 있는데, 이를 통해 공간의 스케일을 가늠했음을 짐작할 수 있다. 그의 스케치에는 건축 공간이란 인간과의 관계성을 통해서 비로소 성립한다는 당연한 진리가 충실히 담겨 있다. 그렇기 때문에 스카르파가 카스텔베키오 미술관에 쏟은 애정은 지금까지도 관람객에게 그대로 전달된다.

마지막으로 리노베이션의 명인 스카르파가 작업한 신축 건축 하나를 소개하고자 한다. 그의 나이 예순아홉에 완성한 만년작晩年作이자, 건축가로서 자신의 건축 역량을 집대성한 브리온 가족 묘지Brion Family Cemetery이다. 이 가족 묘지는 베네치아 북쪽에 위치한 트레비소Treviso라는 작은 도시 외곽에 고요히 세워져 있다.

브리온 가족 묘지는 어마어마한 공을 들여 만든 건축이다. 스카르파의 풍부한 건축언어로 표현된 브리온 가족 묘지는 보고 있는 것만으로도 아찔할 정도다. 무뚝뚝한 콘크리트로 만들었지만 들쭉날쭉한 직선 디자인을 활용하여 건물의 날카로운 각을 없앴고, 벽에 두 개의 원을 겹쳐 개구부를 만들어두면서 다른 한쪽에 있는 일반 묘지와의 경계를 능숙히 설정해놓았다. 녹음 속 살짝 경사진 부지는 죽은 자의 낙원을 연상시켰다. 계단 모양, 벽의 베네치안 글라스 타일, 수로나 바닥의 줄눈 등 둘러보는 동안 스카르파의 수많은 건축언어를 발견하였다. 나는 시간을 잊은 채 주변을 걸었다. 마치 건축 속에서 깊은 명상에 빠진 것 같은 기분이었다. 카스텔베키오 미술관과 마찬가지로 브리온 가족 묘지 역시 동선 계획이 훌륭했기 때문에 그 안에 머무는 동안 '다음에 뭔가 새로운 것이 나타날 것 같은 예감'을 맛볼 수 있었다. 마치 베네치아 거리를 산책할 때처럼.

연못과 정자를 지나면 콘크리트 아치 지붕이 걸린 건물에 도착한다. 그 안에 자리 잡고 있는 두 개의 묘를 본 순간 꿀꺽 마른침을 삼켰다. 브리온 베가 부부의 묘였다. 그곳만 시간이 멈춘 듯했다. 스카르파가 준비해둔 죽은 자와의 대화를 위한 특별한 장소였다. '진정한 의미에서의 마지막 거처는 어쩌면 묘지일지도 모른다'는 생각이 머리를 스쳤다.

브리온 부부가 잠들어 있는 두 개의 무덤.
시간이 멈춘 듯한 마지막 거처의 모습이다.

스카르파의 마지막 건축,
브리온 가족 묘지

리노베이션이 아니라 신축 프로젝트였던 브리온 가족 묘지. 그렇기 때문에 스카르파는 건축 부지인 땅과의 행복한 관계를 다른 무엇보다 더 신중히 모색했을 것이다. 그리하여 아름다운 자연 속 스카르파 최후의 명작은 건축을 넘어 하나의 풍경이 되었다.

이곳에는 또 하나 놀라운 점이 있다. 스카르파 역시 이곳에 잠들어 있다는 사실이다. 입구 근처 부지의 한 귀퉁이, 아들이 디자인한 비석 밑에 영원히 잠들어 있는 스카르파. 자신의 마지막 거처로 이 땅을 선택한 것만 보아도 스카르파가 이 건축에 대해 얼마나 깊은 애정을 쏟았는지 알 수 있다.

건축은 비바람에 시달리며 시간을 견뎌야만 한다. 그러나 거센 자연을 이길 방도는 없고 어찌 되었건 건물은 서서히 사라지기 마련이다. 건축이 오래 살아남기 위해서는 인간이 소중히 다루고 가끔씩은 손도 봐줘야 한다. 스카르파의 손에 의해 아름답게 재탄생한 건축 역시 예외는 아니다. 누군가의 손에 의해 새롭게 리노베이션될 날이 올지도 모른다. 그가 했듯 매력적으로 말이다. 그렇게 과거로부터 다음 세대로, 보이지 않는 손의 마술이 이어져가는 것이리라.

Architecture Note

카스텔베키오 미술관
Castelvecchio

아디제 강변에 자리한 아름다운
카스텔베키오 성은 베로나의 귀족 가문이던
스칼리제리(Scaligeri)의 저택이었다. 군주의
안전을 보장하기 위해 두 겹의 성벽을 쌓고
일곱 개의 망루를 세우는 등 요새의 면모를
갖추었다. 이후 카스텔베키오 성은 역사의
굴곡을 따라 무기 저장소, 군사학교 등으로
쓰였다. 1958~64년까지 카를로 스카르파가
재건하였고, 현재는 미술관으로 사용되고
있다.

©Jakub Hałun

위치 : 이탈리아 베로나
준공 : 14세기, 1964년(재건)
건축가 : 카를로 스카르파

©Forgemind ArchiMedia

브리온 가족 묘지
Brion Family Cemetery

브리온 가족 묘지는 호노리나 브리온이라는
여성 사업가의 의뢰로 탄생한 건축이다.
카를로 스카르파는 콘크리트와 대리석,
화강석, 나무 등을 활용하여 독특한 안식
공간을 만들어냈다. 브리온 부부는 아치형
콘크리트 덮개 아래에 놓인 석관에 잠들어
있다.

위치 : 이탈리아 트레비소
준공 : 1978년
건축가 : 카를로 스카르파

10

당케 베를린,
당케 마티아스

"야아, 게나우, 단케, 쮸스.Ja, genau, danke, tschüs."

옆자리에서 일하는 폴은 건물 구조를 담당하는 미하엘과의 통화 마지막에 그렇게 말했다. 리드미컬하고 정말이지 기분 좋은 음의 연속이었다. 바로 받아써서 외웠다. 독일에 와 제일 먼저 외운 독일어였다. 이 짧은 단어들을 우리말로 바꾸면 이렇다.

"응, 맞아, 고마워, 안녕."

나는 외국어 학습 능력이 좋은 편이 아니다. 교과서를 보며 문법이나 단어의 뜻을 공부해서 익히는 식의 어학 능력은 형편없다. 학교 다닐 때 제2외국어로 배웠던 프랑스어 수업에서는 매번 졸다가 혼이 나곤 했다. 그러나 새로운 땅에 가서 그곳의 언어를 습득하는 데는 나름 소질이 있다. 적응력이 좋다고 할까.

자우어브루흐 허턴 아키텍츠에서 내가 일한 부서는 영어로 의사소통해도 별 문제가 없었다. 하지만 일부러 독일까지 왔는데 독일어를 못한다는 건 왠지 못나 보였다. 그래서 베를린에서 지낸 4년간 꾸준히 공부했고 최소한의 일상회화는 가능한 정도가 되었다. 그때 독일어 공부에 도움이 된 건, 내 주변에서 일하는 독일인의 전화 통화를 유심히 듣는 '몰래 듣기 작전'이었다.

이 학습법은 대단히 효과적이었다. 독일어 단어는 영어와 달리 대단히 구조적이다. 예외가 별로 없기 때문에 조금만 공부하면 들리는 소리 그대로 옮겨 쓸 수 있다. 어쨌거나 알아들을 수만 있으면 되기 때문에, 귀를 쫑긋 세워 동료들의 전화 통화나 회의 때 오가는 단어를 재빨리 노트에 옮겨뒀다가 퇴근 후 뜻을 찾아 외우고는 했다. 건축 용어가 많았지만 언제부턴가 어느 정도 독일어를 구사할 수 있게 되었다.

중요한 건 맞장구치는 단어를 틀리지 않는 것이다. 앞에 소개한 '야아(응), 게나우(맞아)' 같은 맞장구를 정확한 타이밍에 정확한 발음으로 대화 사이에 집어넣는 것. 이것이 가능하다면 회화 수준이 몇 단계는 올라간다. 회화 내용 전부를 이해하는 것보다 회화의 리듬을 유지하는 게 더 중요하다. 대화의 캐치볼이 끊어지지 않게 해야 한다.

독일어를 공부하며 놀랐던 것 중 하나는 숫자를 세는 방식이다. 1부터 20까지는 괜찮지만, 21부터는 '1과 20' 이런 식으로 일의 단위를 먼저 말하고 나서 십의 단위를 말하는 시스템으로 바뀐다. 이게 골치깨나 썩었고, 익숙해지기 전까지는 쇼핑할 때마다 계산대 앞에서 당황하고는 했다.

베를린 생활이 2년째에 접어들어 독일어를 조금 할 수 있게 되었을 무렵, 설계공모전만 전문적으로 준비하던 팀에서 다른 팀으로 옮기게 되었다. 뒤셀도르프Düsseldorf 외곽에 있는 은행 건물의 실시설계팀이었다. 부지 조건 등 주최 측의 요구를 간파하고 심사위원이 원하는 바를 명확한 콘셉트와 신선한 디자인으로 구현하는 설계공모전과는 달리, 실시설계에서 다른 무엇보다 필요한 것은 정밀성이다. 기본 설계 자체에는 만족했다는 것이기 때문에, 앞으로 남은 건 정밀도를 높여가며 설계 시공업자와 계속 교섭해나가는 것이다. 시간과 돈의 엄격한 제약 속에서 공모전 출품 당시의 거칠었던 아이디어를 신중하게 조정하고 법적인 문제점을 지워가며 완성도 높은 디자인으로 만들어낸다. 실시설계에서는 우리가 제안한 양보할 수 없는 기본 콘셉트를 확실히 지켜내면서 건축계획을 손질해나가는 것이 중요하다.

당시 나는 서툰 독일어 때문에 생기는 답답함을 건축언어로 풀어보고자 필사적이었다. 즉 도면과 스케치, 모형을 보여주며 상대방과 명확한 의사소통을 하고자 했다. 그렇게 부딪치면서 조금씩 독일어 실력도 늘어갔다.

이쯤에서 독일 건축 시스템이 어떤 식으로 이루어져 있는지 잠시 설명하고 넘어가자. 독일에서는 건축이 완성되기까지의 과정을 아홉 단계로 분류해 관리하고 있다. 제1단계는 부지 조사, 제2, 제3단계는 기본 계획, 제4단계는 관청에 제출할 신청 도면 작성, 제5단계는 실시설계, 제6, 제7단계는 견적 등의 건설 계획, 제8단계는 현장 관리, 제9단계는 도면 관리 등 서류 작업이다.

이 모든 단계를 설계사무소가 맡아 하면 설계 수임료를 100퍼센트 다 받을 수 있지만, 그런 경우는 극히 드물다. 아무리 유명한 건축사무소라 하더라도 제4단계 이후의 일들은 대형 건설회사나 하청 설계사무소, 해외 프로젝트일 경우에는 현지 설계사무소 등에 외주를 주거나 위탁하는 경우가 많다. 그러나 내가 근무한 자우어브루흐 허턴에서는 모든 단계의 업무를 직접 수행할 수 있도록 직원을 채용했고, 7, 8년 걸리는 대형 프로젝트도 내부에서 끈기 있게 다 해냈다.

모든 단계를 설계사무소에서 전부 해낸다는 건 정말 힘든 일이다.

석면 문제 등으로 해체 중인 공화국
궁전 너머로 보이는 베를린 TV 송신탑.
독일어를 할 줄 알게 되자 늘 보던
풍경이 달리 보이기 시작했다.

내가 일하던 2004년부터 2008년 사이 우리 회사는 공모전에 당선되어 새로운 설계 일도 따냈고, 마흔 명이었던 직원도 백 명으로 늘어나 대형 설계사무소가 되었다. 그런 성장기 때 두 명의 대표와 함께 일을 한 건 행운이었다.

당시 나는 제5단계를 중심으로 실시 도면을 쉴 새 없이 그리면서 견적 조정을 돕고 현장 관리에도 가끔씩 참여하였다. 여기서 말하는 도면 작업의 밀도는 제3단계로 끝나던 설계공모전 때와는 꽤나 달랐다. 실제 건축 단계에서는 실용성을 꼼꼼히 체크해야 하기 때문이다. 나는 종종 일본을 기준으로 사물을 가늠한다고 주의를 받기도 했다. 일례로 회사 탕비실의 테이블 치수를 일본 표준인 85센티미터로 잡았다가 도면을 본 프로젝트 리더에게 지적받은 적이 있다. 사무실에서 신발을 신고 있다는 걸 계산에 넣지 못한 것이다.

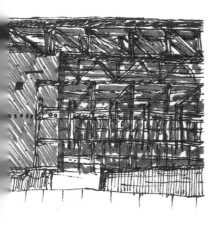

실시 도면을 작성하는 시기에는 외부 기술자와 함께 일할 기회도 많다. 구조 점검, 설비 아이디어 같은 것들은 외부 전문가와

협업하며 진행하는 편이 더 좋기 때문이다. 건축이라는 복잡한 작업을 총체적으로 달성하기 위해서는 최고의 멤버와 팀을 이룰 필요가 있다.

이때 중요한 것은 교섭 능력이다. 리더는 팀 전체의 의견을 모아 정리하고, 수많은 일의 우선순위를 정하고, 중요한 결단을 실수 없이 해야 한다. 마티아스가 일하는 모습을 가까이에서 지켜보는 동안, 건축가 리더에게는 지금 만들고자 하는 것이 무엇인지에 대한 흔들리지 않는 핵심이 반드시 있어야 한다는 사실을 배웠다. 논의와 검토를 거듭하면서 구성원이 내놓은 아이디어를 살피는 과정이 필요한 한편, 마음에 드는 아이디어라 해도 그것을 과감히 버리지 않으면 장애물에 걸려 나아갈 수 없는 경우도 있다. 팀 전원이 공통된 관점을 지니고 같은 방향을 향하고 있으면 최고의 절충안을 내놓을 수 있고 적확한 결단을 내릴 수 있다. 건축 디자인은 무수한 가능성 속에서 단 하나만 선택해 실제의 형태로 만들어내는 일이다. 그렇기에 하나의 건축이 완성된 순간은 정말 감개무량하다.

뒤셀도르프의 은행 프로젝트는 이후 2년 반 동안 계속되었다. 그 과정에서 많은 것을 배웠다. 여섯 명의 팀원과 하나가 되어 실시설계를 완성해가면서 무언가 손에 잡히는 듯한 느낌이 들었다. 각자 하나씩 분야를 맡아 책임감 있게 일을 진행하는 과정은 내 자신의 껍질을 깨는 계기가 되어주었다. 새로운 곳에서 건축의 깊이와 재미를 느끼면서 설계라는 일이 더 좋아졌다고 말할 수 있다. 근무한 지 3년째 되던 해에는 독일 건축가협회에 건축가 등록을 할 수 있게 되었다. 일본에서라면 1급 건축사에 해당되는 자격이다. 그것도 내게 커다란 자신감을 심어주었다.

마티아스로부터 참 많은 걸 배웠다. 직원을 존중하고 신뢰하는 자세는 물론, 현장에서는 오케스트라 지휘자가 되어야 하고 사무실로 돌아와서는 작곡자가 되어야 하는 건축가 본연의 모습에 대해서도 많이 배웠다. 그는 차곡차곡 쌓아가는 협력을 중요시한다. 마티아스는 일 더하기 일이 이가 아니라 삼도 될 수 있고 사도 될 수 있다는 걸 아는 진정한 리더였다. 그래서 우리는 매일 사무실로 출근하는 것이 즐거웠다. 그곳에는 늘 창조적인 공기가 감돌았다. 두근대는 감정은 모두에게 전염된다. 건축을 만들어내는 커다란 성취감을 모두와 함께 맛볼 수 있었던 그때를 아직도 나는 잊을 수 없다. 그 기억은 지금도 내 인생의 소중한 양식이다.

실시설계를 진행하던 은행 공사 현장에서 찍은 사진. 콘크리트 구조체를 체크 중이다.

11

르코르뷔지에의
배반하는 건축

파리 중심부에서 전차에 몸을 싣고 1시간 반. 외곽의 조용한 주택가 푸아시Poissy를 걷다 보니 목적지가 나무들 사이로 살짝 모습을 드러냈다. 공중에 떠 있는 듯 기둥으로 떠받쳐진 흰 상자 같은 건축이었다. 건축을 받치고 있는 이 공간을 건축 용어로는 필로티pilotis라고 한다. 주택가에서 흔히 볼 수 있는, 1층이 주차장으로 되어 있는 바로 그 공간이다. 오늘의 건축은 사보아 주택Villa Savoye. 설계자는 검고 둥근 안경이 트레이드마크인 모더니즘의 거장 르코르뷔지에.

　　필로티는 건물이 대지에서 자유로워졌음을 상징하는 공간으로 고안되었고, 주차 공간으로도 많이 사용된다. 사보아 주택의 필로티는 시트로엥Citroën이 부드럽게 차체를 돌릴 수 있도록, 기둥 간격과 벽의 만곡이 차체의 회전반경에 맞게 설계되었다고 한다. 실로 합리적인 설계다. 사보아 주택이 완성된 해는 1931년. 그해 르코르뷔지에는 마흔넷이었다.

　　"주택은 살기 위해 만들어진 기계이다."

　　르코르뷔지에의 명언 중에서도 가장 유명한 말이다. 산업혁명을 거치며 당시 항공, 철도, 자동차 산업은 놀랄 만한 기술 발전을 이루어 냈다. 그러나 건축계는 그들에 비해 상당히 뒤처져 있었다. 기술의 진화가 눈에 또렷이 보이는 자동차나 비행기 산업에 비해, 건축의 변화는 알아채기 어려운 데다가 고색창연한 인상을 주기도 한다. 보다 많은 건

사보아 주택은
풍부한 녹음 속에 우뚝 솟은
근대건축의 명작이다.

축을 세계로 수출하기 위해서는 신선한 디자인이 필요하며, 주택 역시 기계여야 할지도 모른다고 르코르뷔지에는 생각했다. 다시 말하면 쓸데없는 장식과는 결별하고 합리성과 결혼해야 한다는 말이다. 당시 미국이 최첨단 기술로 포드차를 만들어 전 세계로 수출하던 상황도 그의 생각에 영향을 주었을 것이다. 좋은 물건을 만들어내면 국경마저 손쉽게 뛰어넘을 수 있으니 말이다.

르코르뷔지에는 논리 정연한 합리성을 바탕으로 '근대건축의 5원칙'을 수립했다. 근대건축의 5원칙은 기능성을 디자인의 근거로 삼는다. 이를 통해 르코르뷔지에는 장소의 고유성에 집착하지 않고 보편성을 중시하는 인터내셔널 스타일* 모더니즘을 주장하게 된다. 이후 그의 생각은 건축계 전체를 이끌어간다.

르코르뷔지에의 초기 대표작인 사보아 주택에는 ① 필로티, ② 옥상정원, ③ 자유로운 평면, ④ 수평창, ⑤ 자유로운 입면이라는 5원칙이 모두 포함되어 있다. 실내에는 1층부터 옥상까지 이어주는 '건축적 경사로'까지 만들어져 있다. 그야말로 저택이라 부를 만하다.

사보아 주택은 보험회사를 경영하는 피에르 사보아 부부의 주말 별장으로 설계된 주택이었다. 흰 벽에 설치한 커다란 수평창을 통해 저택 주위를 둘러싼 녹음이 아름답게 재구성되어 보였다. 여유로운 공간

* 인터내셔널 스타일(International Style)
제1차 세계대전 이후에 건축과 인테리어 디자인에 나타난 새로운 경향으로, 장식성 제거·커다란 유리면·평지붕·기능주의 등을 특징으로 한다.

에서 자연과 함께 생활하는 풍요로움. 이것이 바로 도시에서는 체험할 수 없는 교외주택의 새로운 가치일 것이다. 빛이 넘치는 풍요로운 공간은 물론, 수평과 수직을 축으로 한 날카롭고 전위적인 디자인 등 사보아 주택은 현대 건축가들에게 많은 것을 가르쳐주고 있다.

사보아 주택은 내부의 가구도 훌륭했다. 르코르뷔지에 건축 디자인 사무실 직원이었던 샤를롯 페리앙Charlotte Perriand, 1903~1999의 작품이 많은데, 유리 테이블이나 가죽 소파가 악센트가 되어주며 각각의 공간을 만들어내고 있었다.

그 외에 실내에서 강한 인상을 받은 곳은 욕실이었다. 터키 블루 타일로 만들어진 욕조 옆에 기묘한 형태로 물결치는 오브제가 설치되어 있었다. 실제로 누웠을 때 얼마나 편안할지는 모르겠다. 하지만 기계 같은 이미지로 어딘가 사람이 접근하기 어려운 분위기를 풍기는 외관에 비해 묘하게 인간적이고 미소 짓게 만드는 욕실 디자인에서는 편안함이 느껴졌다. 그러한 아이디어에서 인간미를 느낄 수 있었다. 이런 식으로 주택 안에 재미있는 요소를 심어두는 것도 르코르뷔지에라는 건축가가 지닌 매력 중 하나다.

르코르뷔지에는 금욕적이라고 표현해도 좋을 정도로 엄격히 모더니즘 건축 세계를 열어나갔다. 높은 이상을 세우고 언제나 먼 곳을 내다보며 건축 설계를 계속했다. 찬란히 쏟아지는 태양과 어우러지는 지중해를 각별히 사랑했던 그는 오후에만 건축 일을 했고, 오전에는 아틀리에에 틀어박혀 그림을 그렸다. 그의 회화 작품에는 동시대를 살았던 피카소가 제창한 큐비즘*의 영향을 강하게 받은 것들이 많았다.

01
02

01
작은 숲이 사보아 주택으로
들어가는 접근로가 되어주고
있다.

02
모던한 사보아 주택 내부에 있는
유기적인 물결 모양의 욕조

그런 르코르뷔지에 밑으로 세 명의 일본인 건축가가 제자로 들어갔다. 마에가와 쿠니오前川国男, 1905~1986, 사카쿠라 준조坂倉準三, 1901~1969, 요시자카 다카마사吉阪隆正, 1917~1980가 바로 그들이다. 세계의 거장 밑에서 함께 일할 수 있다니, 상상만으로도 부럽기 그지없다. 책상 가득 도면을 펼치고 르코르뷔지에와 함께 회의하는 것은 어떤 기분이었을까? 그들이 르코르뷔지에 밑에서 무엇을 흡수하고 돌아왔는지는 그들이 귀국 후 만든 각각의 건축 작품을 보면 알 수 있다. 그들을 통해 르코르뷔지에의 세련된 DNA가 일본에 전해졌고, 일본에서도 모더니즘 건축이 활짝 꽃을 피울 수 있었다.

와세다 대학에서 건축을 공부한 나는 요시자카 다카마사의 건축에 강한 영향을 받았다. 조각가가 밑그림을 그리듯 종이에 손때를 묻히며 그려가는 요시자카의 힘찬 스케치는 진짜 매력적이다. 전체적인 건축계획은 물론이고 손잡이나 난간 같은 디테일에 이르기까지, 몇 번이고 그는 스케치를 반복해나갔다. 그가 남긴 수많은 손잡이 스케치는 잡기 편하면서도 아름다운 형태를 발견할 때까지 골몰했던 흔적이라 할 수 있다. 건축가의 끈기가 느껴지는 대목이다.

이 같은 요시자카의 특징은 그가 마에가와나 사카쿠라와는 달리,

● 큐비즘(cubism)
입체파. 르네상스 이래 서양 회화를 지배해온 전통적인 원근법, 고전적인 인물 표현법과 결별하면서 단일 시점보다는 다수 시점을, 색채와 빛보다는 입체적 구성과 입체들의 대조, 배열을 중시한 미술 혁신 운동이다.

● 패치워크(patchwork)
수예에서 여러 가지 색상, 무늬, 소재, 크기, 모양의 작은 천 조각을 꿰매 한 장의 큰 천으로 만드는 기법을 가리킨다.

만년의 르코르뷔지에와 만났다는 사실과 깊은 관련이 있다. 만년의 르코르뷔지에는 자신이 만들어낸 모더니즘의 속박에서 벗어나 보다 조각적인 표현으로 창작의 폭을 넓혀가고 있었다. 어떤 의미에서는 자신이 수립한 원리를 철저히 지켜내지 못한 것으로 볼 수도 있다. 그는 논리 정연한 기능성에서 자유로워짐으로써 내적인 미¾의식을 출발점으로 하는 예술적인 조형을 추구해나가기 시작했다.

모더니즘의 5원칙을 기준으로 설계한 사보아 주택. 그 후 20여 년이 지난 어느 날 예순여덟의 르코르뷔지에는 프랑스 외곽 도시 롱샹Ronchamp에 예배당을 설계하고 또 한 번 센세이션을 불러일으킨다. 마치 거대한 선박처럼 둥그스름한 벽과 지붕, 예배당을 본 사람들은 놀람과 동시에 큰 감동을 받았다. 롱샹 성당Notre-Dame du Haut, Ronchamp 건축에서 사용한 표현 방식은 이전까지 그가 주장해왔던 합리성이라는 개념으로는 설명할 수 없는 것이었다. 젊은 날 산토리니에서 스케치한 매력적인 건축들을 재편집해 만든 것 같은 건축이었다. 심지어 비非 모더니즘 건축처럼 보일 정도였다.

롱샹 성당의 지붕은 노아의 방주처럼 가볍게 떠 있는 모습이었다. 크고 무거운 콘크리트 지붕을 벽 위에 그냥 올려두는 것으로 끝내지 않고, 벽과 천장 사이에 10센티미터 정도 되는 유리를 삽입한 부분에서 르코르뷔지에의 미학이 빛났다. 두꺼운 벽에 설치된 창에는 스테인드글라스가 끼워져 있었고, 그곳을 통해 실내로 조심스레 들어온 빛은 넋을 잃게 할 만큼 아름다웠다. 강렬한 색채의 색유리 패치워크°에 태양이 직접 새긴 그림과 문자는 앙리 마티스가 남프랑스 코트다쥐르Côte d'Azur

산간에 설계했던 로자리오 성당Chapelle du Rosaire de Vence의 아름다운 모습을 연상시켰다.

여름 한낮이었는데도 롱샹 성당 내부는 어둡고 시원하며 고요했다. 공간 속으로 한발 내디딘 순간, 등줄기가 곧게 펴지고 몸가짐이 단정해지는 걸 느꼈다. 기독교 신자가 아닌데도 어딘가 숭고한 기분마저 들었다. 아마도 공간의 힘이 미친 영향 탓이었으리라.

동굴 속처럼 고요하던 공간에서 불현듯 미사가 시작됐다. 나무 벤치에 앉아 신부님을 바라보다가 불현듯 깨달았다. 바닥이 제단을 향해 부드럽게 경사져 내려가고 있다는 사실을 말이다. 성당이나 예배당 공간의 중심은 신부님이 서 있는 제단이다. 일반적으로는 제단을 무대처럼 바닥보다 약간 높게 만드는 경우가 많은데 롱샹 성당은 정반대였다. 흡사 부드러운 언덕 위에서 제단을 내려다보고 있는 것 같은 느낌이었다. 어쩌면 이 설계야말로 평등한 시민을 위한 건축을 고심하던 르코르뷔지에가 내놓은 결과물일지도 모르겠다.

롱샹 성당에서 돌아가던 길, 흔들리는 버스 속에서 사보아 주택을 떠올리던 나는 괜시리 두근거려 안절부절하지 못했다. 상반되는 두 건축 속에서 르코르뷔지에라는 건축가의 본질, 바다같이 넓은 사고의 폭을 엿본 것 같은 기분이 들었기 때문이다. 그에 자극받아 하나로 정리되지 않는 건축의 복잡한 매력에 대해서 생각해보았다. 사실적인 그림을 그리던 피카소를 큐비즘으로 도약하게 했던 그 무언가가 두 건축 사이에 숨어 있는 건 아닐까 하는 생각도 하면서 말이다.

그러나 르코르뷔지에의 사고에 다다르고자 한다면 또 하나의 명작

조각 같은 느낌의 롱샹 성당. 사보아 주택을 만든 건축가의
작품이라고는 믿기 어려울 정도다.

롱샹 성당의 내부. 두꺼운 벽에 만들어둔 창, 제단을 향해 경사져 있는
바닥, 천장의 얇은 틈으로 들어오는 빛 등 아이디어로 가득 찬 예배당
내부에 압도되고 만다.

인 라 투레트 수도원Le Couvent de La Tourette을 빠뜨려서는 안 된다. 개인적으로는 라 투레트 수도원이 르코르뷔지에 최고의 걸작이라 생각한다.

리옹 근교의 한 언덕 위 경사지에 드라마틱하게 솟아 있는 라 투레트 수도원은 가톨릭 교단 도미니크 수도회를 위해 세워진 종교 건축물이다. 네 개의 건물 동으로 이루어진 라 투레트 수도원은 무뚝뚝할 정도로 거친 느낌의 건축물로, 롱샹 성당이 만들어진 4년 후에 완성된 건물이다.

곧바로 수도원 내부로 들어가고 싶은 마음을 억누르고 일단은 건물 주변을 천천히 한 바퀴 돌아보기로 했다. 금방이라도 움직일 것 같은 에너지가 건물에서 느껴졌다. 마치 대지에서 독립이라도 하려는 것 같았다. 롱샹 성당이 유기적인 조형을 통해 직접적으로 모습을 드러냈던 것과는 달리, 라 투레트 수도원은 추상화된 '노아의 방주' 같았다. 언덕 아래 적당한 나무 그늘을 찾아낸 나는 풀밭에 주저앉아 스케치에 열중했다. 밑에서부터 수도원을 올려다본 스케치였다. 마음속에 품고 있던 라 투레트 수도원이 눈앞으로 아름답게 바라다보이는 그 장소가 참 좋았다. 스케치를 끝내고 나서는 풀밭에 벌렁 누워버렸다.

잠시 후 수도원 내부로 들어갔다. 작품집을 구멍이 날 정도로 들여다보던 그 명작 건축 안으로 말이다. 제일 먼저 내 마음을 빼앗아버린 곳은 네 개의 건물 동을 연결하는 통로였다. 사방으로 배치된 건축 사이의 중요한 동선 공간으로, 그곳에서 보이는 바깥 풍경이 너무나도 아름다웠다. 조금 전까지 낮잠을 즐겼던 언덕 아래의 풍경이 마치 그림처럼 시야에 들어왔다. 그 풍경은 유리창을 통해 실로 절묘한 간격으로

풀밭에 앉아 언덕 위를 올려다보며
라 투레트 수도원을 그린 뒤
벌렁 드러누워 잠시 쉬었다.

분할되어 있었다.

마치 아케이드 같던 통로 공간. 그 속에 흐르는 건축적 리듬은 정말이지 훌륭했다. 이 공간을 디자인한 사람은 당시 르코르뷔지에 밑에서 일하던 이안니스 크세나키스Iannis Xenakis, 1922~2001 이다. 크세나키스는 바깥을 향해 시야가 확대될 수 있도록 몬드리안의 회화처럼 변칙적인 폭으로 유리창을 디자인했다. 몬드리안의 그림과 라 투레트의 창은 선적인 구성에서는 비슷하지만, 프레임 속에 원색의 물감을 칠한 몬드리안의 그림과 달리 크세나키스의 디자인에는 선밖에 없다. 유리창 너머로 보이는 풍경 그 자체가 바로 선 내부의 색채이기 때문이다. 수학과 건축을 공부했던 크세나키스는 이후 현대음악 작곡가로 활약하게 된다. 독특한 이력이다 싶지만, 통로 공간에서 만들어진 입체적인 리듬감을 생각해보면 당연하다는 생각이 든다.

몬드리안 풍의 리듬감 있는 아케이드를 걸어가다보면 목적지인 예배당이 나온다. 스테인드글라스도 없는 예배당 내부는 맥 빠질 정도로 간소한 인상이었다. 지금이야 물론 콘크리트로 마감한 건축이 드물지 않지만 반세기 전에는 그렇지 않았다. 수도원 건축 공간을 노출 콘크리트만으로 만들었다는 참신함이 놀랍기 그지없었다. 어쩌면 수도사들은 수도원이 전부 완성되었는데도 여전히 공사 중이라 생각했을지도 모르겠다.

콘크리트라는 단순한 소재로 만들어진 공간에 신성한 표정을 드리우는 건 자연광의 효과다. 라 투레트 수도원이 '빛의 상자'라 불리는 이유이기도 하다. 이 예배당은 물론, 아래쪽에 감추듯 배치한 작은 성

밖에서 바라본 라 투레트 수도원의 예배당. 지하 성당을 위해 만들어둔
세 개의 서로 다른 천창이 보인다.

당에도 다양한 빛을 연출하기 위한 장치가 마련되어 있다. 르코르뷔지
에는 콘크리트 상자에 기하학적 조형의 천창을 만들고 빨강, 파랑, 노
랑으로 칠해서 환상적인 기도 공간을 탄생시켰다. 마치 빛에 원래부터
형태와 색이 있었던 것처럼 공간에 빛 그 자체를 가시화한 것이다. 이
작은 성당은 지하를 향해 내려가는 계단 형태의 일곱 개 공간으로 이루
어져 있다. 지하로 내려갈수록 점점 더 어두워지는데 마치 불완전한 인
간이 신을 만나기 위해 어둠 속으로 들어가는 모습을 연출한 듯했다.
빛이 존재감을 발휘할 수 있는 건 어둠이 있기 때문이다. 사람들은 어
둠을 통해 비로소 자신의 영혼과 처음으로 마주한다.

　　장식의 힘을 전혀 빌리지 않고 어둠과 자연광에 의한 연출만으로
종교건축을 만들어낸다는 것은 예술의 힘이라고밖에 달리 표현할 방도

가 없다. 라 투레트 수도원 건축에서는 빛이 절대적인 주인공이다. 외부의 날씨, 시간에 따라 내부의 표정이 달라진다는 것 또한 매력적이다. 르코르뷔지에는 신과 대화하는 장소를 고요하고 평화로운 공간의 변화를 통해 훌륭하게 완성해냈다.

서로를 배반하는 세 건축을 보고 난 후 한 가지 사실을 깨달았다. 그는 늘 건축과 대지와의 관계를 디자인의 중심에 놓았고, 그것을 위해 엄청난 노력을 해왔다는 점이다. 첫머리에서 살펴본 필로티도 그렇다. 건축의 토대가 되는 기반을 지표에 노출하여 공중에 떠 있는 듯 표현한 사보아 주택은 젊은 날 감명받았던 그리스 파르테논 신전에 대한 그 나름의 해석일 것이다. 또한 묵직하고 자유로운 조형 덩어리로 만들어낸 롱샹 성당 역시 그리스 산토리니의 거주지에서 발견했던 형태를 결정화한 것이라 할 수 있다. 그러다가 마침내 건축이 움직이기라도 하듯, 대지로부터 몸을 일으키려 하는 건축으로 완성된 것이 바로 만년의 걸작 라 투레트 수도원이다.

이런 건축이 가능했던 건 철근 콘크리트라는 소재 때문이다. 르코르뷔지에는 기술적으로 향상된 콘크리트 소재를 남보다 한 발 먼저 주목했고, 시행착오를 거듭하며 자신만의 건축으로 만들어냈다. 그러나 아니러니하게도 장소로부터 해방되어 세계 어디에서나 통용되는 건축을 만들겠다던 모더니즘의 선구자조차도 건축이 실제로 세워질 장소나 건축주의 제약에서 완전히 자유로워지지는 못했던 것으로 보인다. 즉 어떤 누군가를 위해서가 아닌 '모두'를 위한 건축 디자인은 불가능하며, 건축을 하기 위해서는 '모두'의 얼굴을 최대한 모듈화해야 한다는 사실을 우리에게 가르쳐준 셈이라 할 수 있다.

르코르뷔지에가 모듈러*라는 설계기준을 이용했던 것만 보아도 그가 모두에게 통용되는 모더니즘을 추구했다는 사실을 알 수 있다. 모듈러 시스템이란 유럽 성인 남성을 기준으로 한 척도로, 그는 항상 다수를 대상으로 한 건축을 생각하고 있었다.

그러나 건축이라는 것은 항상 개별적인 것이다. 추상적인 보편성을 바탕에 깔고 사고한다고 할지라도, 최종적으로는 얼굴을 아는 건축주를 위한 건물을 구체적인 장소에 설계해야만 한다. 건축은 이론만으로는 성립할 수 없기 때문이다. 인터넷이 없던 시절, 건축(공간), 회화(이미지), 저서(언어)를 통해 양질의 정보를 지속적으로 전파하던 거장 르코르뷔지에의 건축이 가르쳐준 가장 중요한 교훈은 어쩌면 바로 그 점일지도 모르겠다.

• 모듈러(modular)
건축 및 구성재의 치수 관계를 건축 모듈에 의해서 조정하는 것을 가리킨다.

Architecture Note

©Valueyou

사보아 주택
Villa Savoye

사보아 주택은 르코르뷔지에가 제시한 '건축의 5원칙'을 압축적으로 보여준다. 1층은 주차장처럼 비워두고, 2층부터 집을 지었다. 또한 벽 대신 기둥이 건물을 지지하게 만들어 공간을 자유롭게 사용했으며, 수평으로 창을 내고 옥상정원을 만들어 자연광과 자연을 편히 즐길 수 있게 했다. 사보아 주택에는 그곳에서 생활하는 사람들의 삶에 대한 르코르뷔지에의 세심한 배려가 담겨 있다.

위치 : 프랑스 푸아시
준공 : 1931년
건축가 : 르코르뷔지에

롱샹 성당
Notre-Dame du Haut, Ronchamp

롱샹 성당은 건물 전체가 거의 곡선과 곡면으로 이루어진 조소적(彫塑的)인 작품이다. 속이 빈 철근 콘크리트로 로마네스크 풍의 두꺼운 벽을 만들고 곡면지붕을 이었다. 진중하고 극적인 내부 공간은 외부에서 들어오는 빛으로 방문객을 사로잡는다. 롱샹 성당은 르코르뷔지에의 작품 변화를 가장 현저하게 보여주는 작품으로서, 전 세계 건축가에게 큰 충격을 안겨주기도 했다.

위치 : 프랑스 롱샹
준공 : 1955년
건축가 : 르코르뷔지에

©colros

©aurelien

라 투레트 수도원
Le Couvent de La Tourette

언덕 위에 정사각형으로 지어진 라 투레트 수도원은 전통적 종교 건축의 모습에서 벗어난, 르코르뷔지에의 작품 중에서도 가장 특이한 설계 중 하나이다. 아래층에는 공동 공간을, 위층에는 수도사들의 독실을 배치하였고 독실에는 바깥 풍경을 한눈에 내려다볼 수 있는 발코니가 달렸다. 옥상정원은 명상과 운동을 위한 장소로 쓰인다. 대성당 내부로는 천장과 벽의 작은 창을 통해 빛이 들어오고, 지하성당에는 건물 밖으로 연결된 세 개의 원통을 통해 자연광이 들어온다.

위치 : 프랑스 론 에브 쉬르 아브렐
준공 : 1960년
건축가 : 르코르뷔지에

로자리오 성당
Chapelle du Rosaire de Vence

프랑스 남동부 방스(Vence) 지역에 있는 도미니크 수녀회 성당이다. 이 성당은 앙리 마티스가 건축에 참여하여 마티스 성당이라고도 불린다. 마티스는 예전에 자신을 극진히 보살펴준 간호사가 도미니크 수도회의 수녀가 된 것을 알고 그녀에 대한 고마움을 표하기 위해 성당의 전체적인 장식을 맡았다. 마티스의 간결하면서도 아름다운 장식과 벽화는 작은 성당을 명소로 만들었다.

위치 : 프랑스 방스
준공 : 1951년
건축가 : 앙리 마티스(Henri Matisse)

©steve.wilde

12

가우디에게 건네받은
릴레이 바통

건축가 중에는 이상한 죽음을 맞이한 사람이 많다. 삶의 진수나 메시지가 인생의 최후에야 드러나는 것이라면, 살펴봐야 할 흥미로운 사건이 참 많다.

예를 들어 르코르뷔지에는 남프랑스의 로크브륀느 카프 마르탱 Roquebrune-Cap-Martin 해변에서 수영하다 익사했다. 이를 두고 '대지와의 행복한 결혼'이라며 감상적으로 바라볼 수도 있겠지만, 근대건축의 죽음으로 받아들이는 편이 더 자연스럽다고 본다. 또한 앞서 소개한 리노베이션의 명인 카를로 스카르파는 일본 센다이仙臺를 여행하던 중 계단에서 발을 헛디딘 사고로 죽음을 맞이했다. 둘 모두 아무도 예상치 못한 어이없는 죽음이었다. 그러니 자살설이 떠도는 것도 무리는 아니다.

심지어는 객사한 건축가도 있다. 장대한 건축의 완성을 위해 자신의 전 재산을 털어 넣은 건축가, 그러나 결국에는 부랑자 같은 꼴로 전차에 치여 죽은 건축가. 바로 안토니 가우디Antoni Gaudí i Cornet, 1852~1926다.

안토니 가우디는 은은한 바다향이 맴도는 바르셀로나를 거점으로 활약했다. 바르셀로나는 활기 넘치는 도시. 거리를 오가는 사람들은 다들 목소리도 크고 한없이 밝다. 건물마저 어딘지 모르게 쾌활하다. 벽은 자유롭게 구불구불거리고 화려한 타일이 빽빽이 붙어 있기도 하다. 지중해를 바라보고 있는 바르셀로나는 스페인 북동부에 위치한 도시로, 카탈루냐Cataluña라 불리는 독특한 풍토와 문화가 뿌리내리고 있는 특별한 곳이다. 카탈루냐를 대표하는 것으로 모데르니스모* 건축을 꼽을 수 있고, 건축가 가우디가 그 대표 주자이다.

가우디의 건축을 보고 싶다면 바르셀로나로 가기만 하면 된다. 이 정도로 한 지역에 집중적으로 건축을 설계한 건축가는 드물다. 초기의 작품부터 만년의 작품, 사후에도 계속 건설 중인 사그라다 파밀리아 Sagrada Familia에 이르기까지 가우디의 건축 대부분이 바르셀로나에 있다.

가우디는 모형을 만들면서 건축을 모색하는 사람이다. 대부분의 건축가는 도면을 두고 손으로 '그리면서' 건물을 설계하지만 가우디는 하나하나 모형을 '만들어가면서' 공간을 설계했다. 모형이란 실물 건축의 축소판이다. 평면(도면)이 아닌 입면(모형)으로 생각하는 가우디의 사고 구조는 조각가와 비슷할지도 모르겠다. 구불구불하게 휘어 있는 벽의 유기적인 연속으로 이루어진 가우디의 건축은 그가 지닌 조각가적 감성에서 추출된 것이며, 이를 통해 그는 스페인의 모데르니스모 건축을 하나의 양식으로 확립하였다.

건축에는 기능이 있다. 그것이 조각과 건축의 다른 점이다. 무엇보다 다른 것은 건축 속에는 사람이 들어갈 수 있다는 점이다. 가우디 건축의 내부로 들어가면, 마치 낯선 생태계 속으로 내던져진 것 같은 기

• 모데르니스모(Modernismo)
19세기 말부터 유행한 예술부흥운동으로 전통양식을
모방하거나 변형하는 차원을 뛰어넘어 새로운 양식을
창출하고자 하였다. 자연에서 모티브를 얻었으며,
길고 구불구불하며 유기적인 선을 사용하는 것이
특징이다. 프랑스어로는 '아르누보'라 한다.

가우디가 설계한 공동주택 카사 밀라의 옥상.
가우디는 굴뚝과 환기탑에도 유기적인 선을
활용하여 초현실적 공간을 만들어냈다.

카사 밀라 옥상에서 절묘하게 바라다보이는 사그라다 파밀리아. 일종의 차경借景(먼 산 따위의 경치를 빌려와 활용하는 것)이라 할 수 있지 않을까?

분이 든다. 혹은 동굴 속에 들어간 것 같기도 하다. 독특한 질서와 공기의 물결이 온몸을 자극한다. 공간이 수축과 팽창을 거듭하고 있는 것 같다.

어쩌면 가우디는 자신이 어렸을 때부터 피부로 느낀 자연의 위대한 에너지를 건축의 교본으로 삼았던 건지도 모르겠다. 산과 같은 건축, 숲과 같은 건축, 즉 자연과도 같은 건축을 만들고자 했을 것이다.

어린 시절 가우디의 감성을 촉발시킨 곳은 과연 어떤 곳이었을까? 그것이 궁금해 렌트카를 빌렸다. 바르셀로나에서 북쪽으로 한 시간, 피레네 산맥 쪽으로 차를 몰던 중 이제껏 본 적 없는 장쾌한 풍경이 눈앞에 펼쳐졌다. 금방이라도 움직일 듯 생명력 넘치는 몬세라트 Montserrat 바위산이었다. 일찍이 괴테가 몬세라트 바위산을 '마魔의 산'이라 칭했듯, 무언가 강한 영성靈性이 느껴졌다. 검은 마리아상 La Moreneta으로 유명한 수도원이 그 산에 세워져 있는 까닭도 이해할 수 있을 것 같았다.

자연은 곡선으로 이루어져 있다. 어쩌면 가우디는 몬세라트 바위산이나 대지에 뿌리박은 한 그루 나무처럼 부드러우면서도 아름다운 건축을 만들고자 상상의 나래를 펼쳤던 건 아닐까? 압도적인 풍경을 보며 그런 느낌을 받았다. 그야말로 측정 불가능. 이런 풍경을 두고 신화적이라고 하는 게 아닐까 하는 생각마저 들었다. 대자연의 풍경을 앞에 두고 깊이 심호흡했다. 그리고 감각을 날카롭게 벼려 가우디 건축을 만들어낸 풍경일지도 모를 몬세라트 바위산을 깊이 느껴보고자 애썼다. 눈을 감고 들려오는 소리에 주의를 기울였다.

분명 소년 가우디도 눈앞에 펼쳐진 장대한 자연을 관찰하는 데서부터 모든 것을 시작했을 것이다. 무아지경으로 수없이 스케치했으리라. 몬세라트 바위산을 보니 나무 밑에서 책을 읽거나 놀던 다양한 경험이 가우디 건축의 밑바탕에 존재하고 있음을 쉽게 짐작할 수 있었다.

가우디는 자연 속에 있는 법칙을 찾아내 건축을 만들어나갔다. '거꾸로 매단 실험모형'을 그 예로 들 수 있다. 가우디는 설계 작업 중 여러 개의 아치가 연속적으로 겹치는 대공간을 실현하고자 했다. 그래서 중력을 거스르지 않고 실현 가능한 가장 합리적인 아치 형태를 이끌어내고자 거꾸로 매단 형태의 성당 모형을 설치해 각 부분에 중력이 미치는 영향을 계산했다. 그리고 모형 밑에 거울을 달아 형상의 위아래를 반전시켜 실험한 후 실제 거대한 성당을 만들어냈다. 물론 가우디의 이러한 발상을 최종적으로 구현할 수 있었던 건 전문가들의 건설 기술이 뒷받침되었기 때문이라는 점도 잊어서는 안 된다. 즉, 구조적 합리성을 추구하여 탄생한 조형과 확실한 실력을 갖춘 전문가들, 그 둘 모두가 있었기에 비로소 가능했던 것이다. 예술가 기질을 가진 천재 가우디가 자의적으로 끄집어낸, 속된 취미로부터 탄생한 조형이 결코 아니다.

사그라다 파밀리아는 1882년에 착공한 후부터 아직까지 공사가 진행되고 있다. 뿐만 아니라 제일 처음 만들어진 공간의 보수공사도 동시에 이루어지고 있다. 미완성의 미학과 현대적인 폐허성을 동시에 느끼게 만드는 로맨틱한 건축이라고나 할까. 사그라다 파밀리아 건설에 이렇게나 많은 시간이 걸리는 까닭은 예산과 기술적인 제반 문제 등 복잡한 요인이 있겠지만, 무엇보다 가우디가 도면을 그리지 않고 모형 중심으로 설계한 까닭이 가장 크지 않나 싶다. 내전으로 모형이 완전히

신화적인 느낌의 몬세라트 바위산. 어디까지고 이어져 있을 것만 같다.

사그라다 파밀리아 너머로 보이는 바르셀로나 시가지

파괴되고 난 후 심혈을 기울인 고고학적 작업을 거쳐 모든 모형 조각을 복원했다고는 하나 그것들은 어디까지나 모형 조각일 뿐 명료한 완성 예상도라고 볼 수는 없다.

그렇다고 나쁜 점만 있는 건 결코 아니다. 완성 예상도가 없기에 예술적인 창조성을 발휘할 여지가 있다고도 생각할 수 있으니까. 가우디의 뒤를 이은 후세는 가우디의 메시지를 이해하기 위해 끊임없이 대화하며 최대한의 경의와 상상력을 동원하여 사그라다 파밀리아를 완성하기 위한 창조적 작업에 도전하고 있다.

지금도 공사 중인 사그라다 파밀리아의 전임 조각가는 소토 에츠로外尾悦郎이다. 그는 가우디가 사망한 지 100년이 되는 2026년에 사그라다 파밀리아를 준공한다는 목표에 맞춰 작업을 진행하고 있다. 이러한 장대한 프로젝트가 지금까지도 계속될 수 있는 이유는 가우디가 바르셀로나 사람들에게 깊이 사랑받는 인물이기 때문일 것이다. 뿐만 아니라 매년 수백만 명의 관광객이 바르셀로나를 찾아가 가우디의 건축을 감상한다. 가우디의 또 다른 작품 구엘 공원Parque Güel은 마치 테마파크처럼 사람들로 북적인다. 그의 건축이 전 세계적으로 축복받게 된 까닭은 다름 아닌 건축에 대한 가우디의 열정 때문일 것이다.

건축에 대한 뜨거운 열정은 전염되기도 한다. 미국 캘리포니아 주 로스앤젤레스의 슬럼가 와츠Watts. 이탈리아에서 이민 온 건설노동자 사이먼 로디아Simon Rodia, 1879~1965는 어느 날부터 갑작스레 탑을 짓기 시작한다. 자기 땅 안에 자기 손으로 말이다. 와츠 타워Watts Tower라 불리는 탑은 생김새가 사그라다 파밀리아와 놀랍도록 비슷하다. 로디아가 바

구엘 공원의 출입 계단

르셀로나에 가봤는지는 알 수 없지만, 아마도 도감 같은 걸 통해 사그라다 파밀리아를 봤던 게 아닐까 추측할 수 있다. 그는 고독과 마주하며 무언가에 홀린 듯 무려 30미터에 달하는 탑을 혼자 만들었다. 시멘트와 모래를 물에 개어 철근에 바르고는 갖가지 색깔의 유리병과 타일 조각을 붙여나갔다. 매일매일 작업은 계속됐다. 쓰레기들을 발라 굳혀가며 손으로 만들어낸 성이었다. 그것도 오로지 혼자서 말이다.

궁금하면 내 눈으로 직접 확인해야 직성이 풀리는 성격이라 와츠 타워를 보기 위해 여행을 떠났다. 33년이라는 세월을 들여 한 인간이 무언가를 창조해냈다는 사실에 온몸이 떨렸다. 출입구 간판에는 주름살 투성이에 사랑스러운 미소가 인상적인 노인의 사진이 걸려 있었다. 그가 바로 사이먼 로디아였다.

유심히 와츠 타워를 바라보며 안토니 가우디와 사이먼 로디아의

보수 중인 와츠 타워

유리병 등으로 장식되어 있는 와츠 타워 입구

비슷한 점에 대해 생각했다. 가늘고 긴 열네 개의 꿈틀거리는 탑이 만들어낸 와츠 타워의 스카이라인이 사그라다 파밀리아와 비슷하게 생기기도 했지만, 그보다 무언가를 만들 때 쏟아부은 강렬한 에너지가 두 사람을 관통하고 있었다. 사이먼 로디아가 만든 와츠 타워를 보고 있자니, 산다는 건 무언가를 쌓아 올리려는 순수한 욕망으로 유지되는 게 아닐까 하는 생각이 들기 시작했다.

부서진 모형을 복원해서 만든 완성 예상도를 보며 사그라다 파밀리아를 만들고 있는 소토 에츠로와 사이먼 로디아의 공통점은 그 막연한 이미지를 공유하고 있다는 점이다. 확실하지 않은 완성 예상도에 건축의 밑바탕에 흐르는 열정이 더해지고 그것을 깊이 공유하면, 생각지도 못한 형태로 '창조의 바통'이 전달된다. 이것이 재해석되고 변형되어 색다른 건축으로 탄생하기도 한다. 가우디로부터 로디아에게 전해진 바통은 사그라다 파밀리아에서 와츠 타워로 그 형태를 바꾸었고, 저 멀리 미국 땅에 희유의 걸작을 만들어냈다. 그리고 소토 에츠로를 비롯한 후대에게 전해진 바통은 새로운 형태로 사그라다 파밀리아를 완성하는 창조적 과정으로 이어졌다.

Architecture Note

©Year of the dragon

카사 밀라
Casa Mila

카사 밀라는 1895년 바르셀로나 신도시 계획 당시에 세워진
연립주택으로 채석장이라는 뜻의 '라 페드레라(La Pedrera)'라고도
불린다. 동굴 같은 출입구, 독특한 모습의 환기탑과 굴뚝, 물결치는
구불구불한 외관에서 가우디 건축물의 특징을 엿볼 수 있다. 1984년
유네스코는 이 건축물을 세계문화유산으로 지정했다.

위치 : 스페인 바르셀로나
준공 : 1912년
건축가 : 안토니 가우디

©Sergi Larripa

사그라다 파밀리아
Sagrada Familia

원래 사그라다 파밀리아는 가우디의 스승인 빌라르(F.de P. Villar y
Lozano)가 설계하고 공사를 시작한 건축이다. 하지만 공사 개시
후 빌라르와 바르셀로나 교구는 건축비 문제로 마찰을 빚었고,
1883년 가우디가 바통을 이어받았다. 가우디는 설계 단계부터
모든 것을 새로 시작하였고, 1926년 6월 생의 마지막까지 성당
건축에 매진하였다. 하지만 워낙 장대한 스케일이라 그는 일부만
완성하였고 나머지 부분은 현재까지도 계속 공사 중이다. 사그라다
파밀리아는 성서에 기록된 장면과 가르침 등을 장식과 상징으로
구체화하여 '돌로 만들어진 성서'라 평가받는다.

위치 : 스페인 바르셀로나
건축 시기 : 1882년~현재
건축가 : 안토니 가우디

©Guillaume Cattiaux

구엘 공원
Parque Güell

지중해와 바르셀로나 시내가 한눈에 보이는 구엘 공원은 가우디 특유의 형형색색 모자이크로 장식된 건물과 자연이 어우러져 초현실적이고 신비로운 분위기를 연출한다. 바르셀로나를 여행하는 사람은 꼭 방문해봐야 하는 곳으로 손꼽힌다.

위치 : 스페인 바르셀로나
준공 : 1914년
건축가 : 안토니 가우디

와츠 타워
Watts Tower

미국 캘리포니아 주(州) 로스앤젤레스에 있는 실험적 건물이다. 이탈리아 출신의 괴짜 건축가 사이먼 로디아는 강철을 감아 그물처럼 이어 골자를 만들고, 회반죽을 덮고, 타일·조개껍데기·유리·도자기 등을 입혀 타워를 만들었다. 타일 회사에서 일한 로디아는 깨지고 버려진 조각을 주워 휴일과 퇴근시간 후에 작품을 만들었는데, 특수한 건축 장비를 사용하지 않고 수공으로 건물 전체를 지었기에 완성까지 33년이나 걸렸다.

위치 : 미국 로스앤젤레스
준공 : 1954년
건축가 : 사이먼 로디아

©BenFrantzDale

13

프랭크 게리의 마법,
구겐하임 빌바오

아침 일찍 바르셀로나 역을 출발한 열차가 빌바오Bilbao라는 낯선 도시에 도착한 건 정오 무렵이었다. 플랫폼 안으로 스페인의 여름다운 건조한 바람이 불어오고 있었다. 고요한 빌바오 역 근처에서 발견한 아담한 카페에서 햄과 치즈가 들어간 샌드위치를 시켜 먹었다. "연유를 넣은 달달한 에스프레소가 정신 차리는 데는 최고지." 쾌활한 카페 주인이 높다란 카운터 너머에서 가르쳐준 대로 단숨에 커피 잔을 비웠다. 배가 고파서는 전쟁도 못 하는 법. 만반의 준비를 끝낸 나는 목적지를 향해 걷기 시작했다.

걷는 내내 사진기를 꺼내들 만한 특별한 풍경과 만나지 못했다. 벽돌로 만들어진 거리, 스페인 어디서건 볼 수 있는 지극히 평범한 풍경

나의 빌바오 여행에 달콤한
에스프레소를 처방해준 카페 주인

이었다. 그러다 길 끝에서 갑작스레 목표물이 모습을 드러냈다. 주변과 전혀 다른 별개의 존재감을 뿜어내고 있는 구겐하임 빌바오 미술관 Museo Guggenheim Bilbao이었다. 조형, 소재, 스케일 그 모든 것이 주변 풍경에 녹아들지 않았다. 번쩍이는 티타늄으로 뒤덮인 건축은 우주선처럼 유달리 눈에 띄었다. 마치 도시의 이물異物 같았다.

설계자는 탈구조주의를 대표하는 건축가 프랭크 게리Frank Gehry. 미국 서해안을 거점으로 활동하는 프랭크 게리는 여든이 넘은 지금도 세계 곳곳에서 자신만의 독특한 건축을 만들어내고 있는 건축가다. '건축계의 노벨상'이라 일컬어지는 프리츠커상을 시작으로 여러 상을 거머쥔 그는 현대 건축가 중 가장 영향력 있는 거장 중 하나다.

1997년 가을에 완성된 구겐하임 빌바오 미술관은 프랭크 게리의 건축 작품 중에서도 가장 획기적이었다. 전 세계 사람들을 놀라게 만

평범한 길 끝에 나타난 우주선 같은 미술관

든, 그야말로 한 시대를 풍미한 건축이었다. 구겐하임 빌바오 미술관은 건축 잡지란 잡지의 표지를 모두 장식했고 그해 건축계의 모든 화제를 독점했다.

이를 계기로 스페인 북부의 작고 한가롭던 도시 빌바오 역시 엄청난 스포트라이트를 받았다. 전 세계에서 관광객이 끊임없이 몰려들어 엄청난 경제 효과를 누렸다. 계획 단계에서는 그 정도까지나 많은 관광객을 끌어모으게 될지 아무도 생각하지 못했기 때문에 '게리의 마법'이라고까지 일컬어지게 되었다.

가우디와 마찬가지로 프랭크 게리도 도면이 아닌 모형을 중심으로 건축을 디자인하는 건축가다. 조각가가 하듯 돌을 파내 모형을 만든 가우디와 달리 프랭크 게리는 부드러운 종이로 건축 모형을 만든다. 종이라고 하면 누구나 종이접기를 떠올리며 정성껏 종이를 접어 정교한 형태로 만들어가는 걸 연상하겠지만 프랭크 게리는 다르다. 종이를 거침없이 구기고 비틀고 구부리고 뭉치는 등 꽤 원시적인 방식으로 모형을 만들어나간다. 아이들 장난 같은 천진난만함마저 느껴진다. 스케치도 마찬가지다. 작품집 같은 데서 소개되는 그의 스케치는 아무리 봐도 애들 낙서로밖에 안 보인다. 하지만 자나 컴퍼스 없이 굵은 펜으로 마구잡이로 그린 프랭크 게리의 뭉그러진 선이야말로 장난기 넘치는 그의 아이디어가 태어나는 발상의 씨앗이다.

탈구조주의자라는 말 그대로 프랭크 게리는 구축된 것을 부서뜨린다. 그는 파괴와 재조립을 통해 탄생하는 복잡한 하모니를 통해 단편화되었던 것들, 즉 모더니즘이 주장했던 기하학이나 비례, 균질성 같은 세계를 매혹한 구겐하임 빌바오 미술관.
지금껏 본 적 없는 건축의 탄생이었다.

것들을 정면에서 부정하려고 했다.

그렇다면 탈구조주의적 조형을 가능케 한 건 무엇일까? 자유분방한 설계 방식 때문이 아니라 첨단 기술 때문에 가능했다. 장난처럼 디자인한 모형을 건설 단계로 끌어올리기 위해서는 캐드CAD, Computer Aided Design라 불리는 최신 컴퓨터 기술을 이용해 건축언어로 전환하는 작업이 필요하다. 건축 모형의 3차원 정보를 스캐닝해 컴퓨터에서 데이터로 만드는 작업이다. 원래 캐드는 비행기 같은 최첨단 기기를 설계하는 데 사용되던 고급 기술이었다. 그것을 건축에 적용한 이가 프랭크 게리였다. 캐드를 건축에 활용하면서 종이 모형의 데이터를 읽어내어 유체역학 등의 복잡한 구조도 빠르게 해석해낼 수 있게 되었다.

탈구조주의 건축 중에는 도면과 드로잉으로는 그릴 수 있으나 실제로 만들 수는 없는 경우가 많았다. 그러나 프랭크 게리는 첨단 기술에 정통해 있었기 때문에 구겐하임 빌바오 미술관 같은 참신한 건축을 멋지게 실현해낼 수 있었다.

독일어에는 외부 공간을 뜻하는 '아우센라움Außenraum'과 내부 공간을 뜻하는 '인넨라움Innenraum'이라는 단어가 있다. 내가 구겐하임 빌바오 미술관에서 놀랐던 점은 아우센라움과 인넨라움이 너무나도 달랐다는 것이다.

강변에 핀 한 송이 사랑스런 장미와도 같던 외관에서는 아름다우며 유기적인 운동감을 느낄 수 있었다. 그러나 건물 안에 들어가보니 마치 모든 것이 정지되어 있는 공간처럼 느껴졌다. 훨씬 더 약동감 있는 내부 공간을 기대했지만, 생각 외로 얄팍한 공간에 맥이 빠지고 말았다. 내부 공간에는 물질이 빚어내는 활기가 없었다. 마치 무대 세트처럼 정체되어 있는 듯하고 깊이감을 느낄 수 없었다.

녹이 슬지 않는 고급 소재 티타늄으로 마감한 외벽은 충분히 화려했다. 또한 프랭크 게리가 생선 비늘에서 영감을 받았다는 사실과도 쉽게 연결되었다. 그러나 공간으로서의 깊이감을 주지 못했던 것은 복잡한 건축의 형태가 기둥과 구조재 등 고도로 가공된 철 골조에 고정되어 있는 하리보테*일 뿐이라는 것과 관계 있을지도 모르겠다. 심지어는 철 골조에 티타늄을 붙여 만든 하리보테 건축임을 노골적으로 강조하는 듯한 공간까지 있을 정도였다. 번쩍이는 아우센라움과 인넨라움 사이에는 보이지 않는 단절이 존재했다. 로비 주변을 돌며 건축의 깊이감에 대해 생각했다. 건축의 생생한 움직임과 물질이 주는 묵직한 무게감이 공존해야만 비로소 공간에 깊이감이 부여되는 건 아닐까 하고 말이다.

전시실에 들어간 순간 또 다시 놀라고 말았다. 그때까지 나는 구겐하임 빌바오 미술관 자체를 프랭크 게리의 예술 작품이라 생각하고 있었다. 그러나 전시실에 발을 들인 순간, 그 생각이 큰 착각이라는 걸 알게 됐다.

프랭크 게리가 구겐하임 빌바오 미술관을 통해 예술적인 자기주장만 강하게 어필해놓았다고 생각하기 쉽지만, 구겐하임 빌바오 미술관은 미술관으로서의 역할, 즉 예술의 세계로 들어가는 문의 역할을 제

• **하리보테**(張ぼて)
철사로 만든 형태에 종이를 여러 겹 덧붙여 만든 연극 소품이다.

01   02
03

01   02
출입홀. 움직임으로 가득 차 있는 듯 보이지만,
실제로는 정적에 휩싸여 있는 공간이다.

03
스스로 하리보테임을 강조하고 있는 듯한 오른쪽
윗부분의 탑 디자인

대로 해내고 있었다. 미술관 건축의 주인공은 예술품이며 건축은 액자로 존재해야 한다. 게리의 공간은 자신을 주장하지 않고 만능 받침대가 되어주는 백색의 단순한 사각공간이 아니었고, 그런 면에서 지나치게 자신을 내세우는 것처럼 보이기도 한다. 그러나 구겐하임 빌바오 미술관에는 공간에 지지 않을 정도로 강력한 힘을 지닌 미술품들이 전시되어 있었다.

나는 무기질의 흰 공간만이 미술관에 적합한 건 아님을 깨달았다. 마치 예술 작품에 도발하려는 듯 '자기주장을 드러내고 있는 액자'도 예술품과의 상호작용을 통해 상승효과를 만들어낼 수 있었다. 전에는 미처 몰랐던 건축의 새로운 가능성이었다.

구겐하임 빌바오 미술관은 두 조각가의 작품을 주요하게 다루고 있었다. 전혀 다른 작풍을 지닌 리처드 세라Richard Serra와 에두아르도 칠리다Eduardo Chillida, 1924~2002의 작품이었다. 그들의 작품은 게리가 만들어낸 공간과의 승부에서 패하지 않을 강한 존재감을 드러내고 있었다.

리처드 세라는 미국을 대표하는 조각가로, 구겐하임 빌바오 미술관에 부식된 대형 철판을 기하학적으로 부드럽게 굽혀 만든 조각 작품을 전시 중이었다. 단지 보는 데서 그치는 것이 아니라 조각 작품 안으로 사람이 들어갈 수 있다는 것이 리처드 세라의 조각이 지닌 가장 큰 특징이라 할 수 있다. 세라의 조각에는 공간 체험이 존재한다. 중후한 철판이 전면에 드러나고 미로와도 같은 공간이 부상한다. 치밀한 계산하에 만들어진 세라의 정밀한 조각은 게리의 가붓한 공간 속에 묵직한 문진처럼 존재하며, 조각이라는 틀을 넘어 보는 이를 매료한다. 본래

프랭크 게리가 리처드 세라의 작품만을 위해 만든 전시 공간

조각에는 아우쎈라움밖에 없다. 그러나 세라의 조각은 물리적으로 그 속에 들어가는 것이 가능하기 때문에 인넨라움도 존재한다. 그런 의미에서 보자면 건축에 보다 접근한 조각이라고 할 수 있다.

한편 에두아르도 칠리다는 빌바오의 옆 동네인 산 세바스찬 출신의 조각가이다. 칠리다 조각의 가장 큰 특징은 쓸데없는 것을 모조리 배제한 미니멀리즘 위에 추가한 '약간의 비틀림'이다. 이 '약간의 비틀림'이라는 게 뭐라 말로 표현하기가 쉽지 않다. 그러나 칠리다가 대학 시절 건축을 전공했다는 이야기를 전시 패널에서 읽고 나자 어떤 힌트를 얻은 듯 묘하게 납득이 갔다. 친근감마저 느꼈다고나 할까.

그 이후 그의 작품이 달리 보였다. 소묘, 스케치, 드로잉, 판화 등 전시된 그의 작품 전부가 건축 도면처럼 보이기 시작했다. 작은 조각 작품 같은 것들은 건축이나 동굴의 모형처럼 보이기도 했다. 그의 조각은 기하학 형태에서 뺄셈을 거듭해 만든 우아한 조형이었고, 공간 속에서 힘차게 자신의 존재를 드러내고 있었다. 건축의 근원에 있는 원형을 필사적으로 찾으려 고뇌하는 칠리다의 육성이 들리는 것만 같았다.

고요하면서도 동적인 조각을 만드는 리처드 세라, 움직임을 봉인한 것 같은 고요함을 만드는 에두아르도 칠리다. 둘의 작품을 빌바오에서 만난 건 더없이 소중한 경험이었다. 그리고 문득 깨달았다. 리처드 세라와 에두아르도 칠리다라는 예술가와의 만남에서 강렬한 인상을 받을 수 있었던 건 화려한 공간을 만들어준 프랭크 게리의 건축 덕분일지도 모른다는 사실을 말이다.

현대건축 속에서 두 조각 작품을 경쟁하게 만들고 독특한 긴장감 속에서 서로 길항하게 하는 것, 그리하여 전 세계 사람들을 매력적인 조각의 세계로 초대하는 것이 구겐하임 빌바오 미술관이 존재하는 이유였다. 그리고 그것이 바로 '게리의 마법'이었다.

14

게르니카와
꽃병을 든 여자

Spain

★
마드리드

구겐하임 빌바오 미술관은 화려한 건축과 훌륭한 전시로 남부러울 게 없어 보인다. 그러나 그런 구겐하임 미술관도 간절히 바라는 게 하나 있다. 바로 피카소의 '게르니카Guernica'다.

널리 알려져 있다시피 '게르니카'는 근대회화의 거장 파블로 피카소가 1937년에 그린 작품이다. 당시 파리에 머물던 피카소는 조국 스페인 바스크 지방의 소도시 게르니카가 나치에게 무차별 폭격을 당해 수많은 민간인이 희생되었다는 소식을 접하고 통한의 마음으로 '게르니카'를 그린다. 가로 7.8미터에 세로 3.5미터짜리 거대한 유화다.

큐비즘 방식으로 그려진 '게르니카'는 그해 파리 만국박람회에서 스페인관의 벽화로 공개되었다. '게르니카'에는 말과 소 같은 동물, 쓰러지는 병사, 아이를 안은 어머니, 울부짖는 인간 등이 거대한 캔버스에 흑백으로 강렬하게 표현되어 있다. 서로 다른 각도에서 대담한 구조로 전쟁의 비참함을 강렬하게 표현한 '게르니카'. 그 그림이 준 충격은 절대적이었다. 미술 교과서에 실린 도판으로 봐도 강렬하지만, 실제로 '게르니카'를 보면 평생 잊을 수 없는 체험이 된다.

피 흘리는 전쟁을 소재로 했지만 피카소는 '게르니카'에 붉은색을 사용하지 않았다. 흰색과 검정, 회색만으로 표현하여 전쟁을 벌이는 인간의 부조리를 한층 더 도드라지게 하였다. 이는 피카소라는 천재 예술가가 당시 스페인의 독재자였던 프랑코Francisco Franco, 1892~1975를 향해 할 수 있었던 최대한의 비난이었을 것이다. 사람과 함께 그려진 새는 인간의 우매함을 한탄하면서도 마음으로부터 평화를 기원하던 피카소의 사상을 표현한 것으로, 그 메시지는 '게르니카'를 통해 전 세계로 전파되었다.

큰 그림인데도 겨우 한 달 만에 완성해낸 피카소의 집중력과 에너지도 경탄스럽다. 그 에너지는 강력한 메시지가 되어 '게르니카'에 수많은 정치적 의미를 불어넣었다. 그 후 '게르니카'는 기구한 운명에 처하게 된다. 파리 만국박람회에서 화제를 불러일으킨 '게르니카'는 런던 등지를 돌다 세계대전의 화마를 피해 미국으로 망명하기에 이른다. 피카소의 걸작은 세계 예술의 중심인 뉴욕 근대미술관으로 들어갔고, 그 후 오랜 기간 미국에서 전시되었다.

그러나 1966년 베트남 전쟁에서 미군이 무차별 학살을 벌이자, 미국은 '게르니카'를 전시할 자격이 없다고 주장하는 운동이 미국 전역에서 일어났다. 게다가 피카소가 '스페인에 진정한 자유가 찾아왔을 때 그림을 돌려주길 바란다'는 유언을 남기고 세상을 떠났기 때문에 언젠가 게르니카가 스페인에 돌아가게 될 것이라고 다들 믿고 있었다. 피카소 타계 후 얼마 되지 않아 프랑코 독재정권이 무너졌고, 드디어 '게르니카'는 조국 스페인으로 무사히 돌아갈 수 있게 되었다. 1981년의 일이었다.

이후 '게르니카'는 수도 마드리드의 프라도 미술관Museo Nacional del Prado에서 전시되었고, 1992년부터는 마드리드 아토차 역 근처에 개관한 레이나소피아 국립미술센터Museo Naciaonal Centro de Arte Reina Sofía에서 전

유리벽 엘리베이터가 인상적인 레이나소피아 국립미술센터

시되고 있다.

'게르니카'를 전시 중인 레이나소피아 국립미술센터는 원래 병원이었던 건물을 개보수하여 새로움을 창조해낸 멋진 건축이다. 또한 피카소의 '게르니카'를 위해 만들어진 미술관이라 해도 과언은 아니다. 겉에서 보면 미술관이라기보다는 전형적인 병원의 모습을 하고 있다. 그러나 건물 정면 양쪽에 유리벽을 댄 엘리베이터를 설치하여 현대적인 표정을 주었다. 또한 2005년에는 프랑스를 대표하는 건축가 장 누벨Jean Nouvel이 대대적인 증축 공사를 하여 보다 많은 현대미술 작품을 전시하게 되었다.

1999년, 내 첫 배낭여행의 최종 목적지는 마드리드였다. 아테네 파르테논 신전을 기점으로 보고 싶은 건축과 그림을 하나하나 꼽다보니, 서쪽으로 향하던 여행의 피날레는 자연스레 마드리드였고 피카소의 '게르니카'였다. 투명한 엘리베이터를 타고 2층으로 올라간 나는, 드디어 '게르니카'와 대면하였다. 커다란 병실 같은 공간에 호쾌하게 전시되어 있던 '게르니카'. 예전에는 보안상의 이유로 방탄유리 너머로밖에 볼 수 없었다고 하지만 지금은 방탄유리 없이 감상할 수 있어 힘찬 붓 자국까지 확실히 볼 수 있었다. 그 박력에 압도될 수밖에 없었다.

'게르니카'를 앞에 두고 나는 그저 침묵만 지키고 있었다. 파리 만국박람회나 뉴욕 근대미술관 등 예전의 전시공간을 떠올리면서 이 그림이 마드리드에 전시되어 있다는 것의 의미를 곱씹어보았다. 얼마의 시간이 흘렀는지 확실히 알 수는 없었지만 꽤 오랜 시간 '게르니카' 앞에 머물러 있었다. 평화를 염원하는 인류의 마음과 전쟁의 비참함을 느끼는 동시에 파리에서 '게르니카'를 그리던 피카소의 기분을 상상해보기도 했다. 그림 크기에 비해 단시간에 그려졌기 때문에 세세한 면에서는 거칠었지만, 오히려 그렇기 때문에 자유로운 해석의 가능성이 열려 있는 듯 느껴졌다. 역동적인 붓의 움직임을 통해 작품의 심오한 뜻을 뼈저리게 느낄 수 있을 것만 같았다.

바로 그때, 묘하게 사랑스러운 조각이 시야에 들어왔다. 크고 울퉁불퉁한 인간의 형상이 꽃병처럼 보이는 물건을 들고 있었다. 실은 제목을 보고서야 그것이 꽃병임을 알았다. 좀 독특한 피카소의 작품이었다. 어쩐지 나는 그 조각으로 인해 구원받은 것 같은 기분이 들었다. '게르니카'가 발하는 강렬한 힘에 사로잡혀 있다가 '꽃병을 든 여자Woman with Vase'의 도움으로 풀려난 것 같은 기분이었다고나 할까.

그 조각을 보고 쾌활한 스페인의 어머니를 떠올렸다. 콧노래를 흥

피카소의 사랑스러운 브론즈 상
'꽃병을 든 여자'. 이틀 연속 찾아가
앞모습과 뒷모습을 스케치했다.

8.20.99
6:15 pm.

8.21.99
3:25 pm

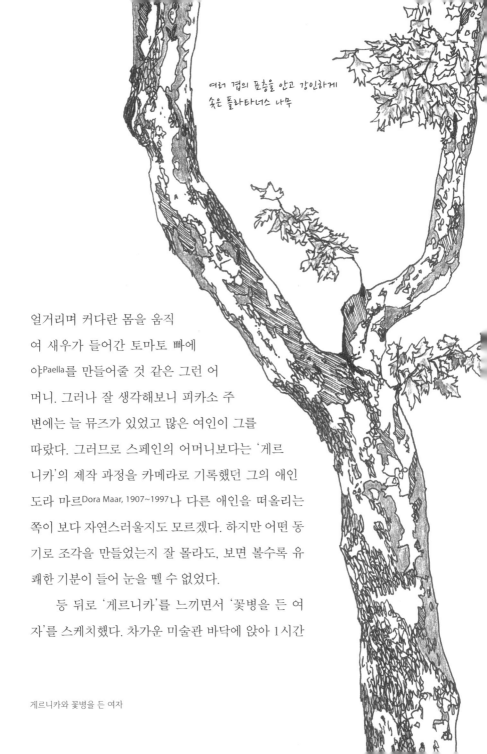

여러 겹의 포층을 안고 강인하게
솟은 플라타너스 나무

얼거리며 커다란 몸을 움직
여 새우가 들어간 토마토 빠에
야Paella를 만들어줄 것 같은 그런 어
머니. 그러나 잘 생각해보니 피카소 주
변에는 늘 뮤즈가 있었고 많은 여인이 그를
따랐다. 그러므로 스페인의 어머니보다는 '게르
니카'의 제작 과정을 카메라로 기록했던 그의 애인
도라 마르Dora Maar, 1907~1997나 다른 애인을 떠올리는
쪽이 보다 자연스러울지도 모르겠다. 하지만 어떤 동
기로 조각을 만들었는지 잘 몰라도, 보면 볼수록 유
쾌한 기분이 들어 눈을 뗄 수 없었다.
    등 뒤로 '게르니카'를 느끼면서 '꽃병을 든 여
자'를 스케치했다. 차가운 미술관 바닥에 앉아 1시간

게르니카와 꽃병을 든 여자

정도 스케치하고 있자니 그 이상한 브론즈 조각이 커다란 토우처럼 보이기 시작했고 왠지 내게 말을 거는 것 같기도 했다. 확실하지 않은 이목구비, 유달리 큰 체격의 여인이 꽃병을 들고 걷고 있다. 꽃병에는 아직 꽃이 없다. 정원에 핀 코스모스라도 꺾어 꽂으려는 것일까.

'꽃병을 든 여자'는 구상적으로 표현된 작품은 아니다. 어딘지 모르게 원시적인 조형에서 피카소의 의도를 느낄 수 있을 것 같았다. 강하고 억센 모성에 대한 경의 같은 것들 말이다.

다음 날은 내 첫 배낭여행의 마지막 날이었다. 마드리드의 중심가 그랑비아 거리를 산책했다. 플라타너스 가로수가 아름다운 거리였다. 그런데 아무래도 피카소의 그림과 조각이 머리에서 떠나지 않았다. 정신을 차려보니 어느새 나는 레이나소피아 국립미술센터로 향하고 있었다. 이날도 '게르니카' 앞에서 깊이 침묵했다. 그리고 이번에는 '꽃병을 든 여자'의 뒷모습을 스케치하기 시작했다.

내게 있어 마드리드의 추억은 프라도 미술관의 화려한 액자 속에 들어 있던 벨라스케스Velázquez, 1599~1660나 고야Francisco José de Goya y Lucientes, 1746~1828가 아닌, 레이나소피아 국립미술센터의 '게르니카'와 '꽃병을 든 여자'이다. 편을 나누고 전쟁을 일삼는 인간의 추악한 모습을 다면적으로 그려낸 진혼鎭魂의 그림 '게르니카'. 가족의 중심이라 할 수 있는 사랑스러운 어머니의 모습을 그려낸 축복의 조각 '꽃병을 든 여자'. 이렇듯 전혀 다르게 표현된 두 작품은 예술 작품이 표현할 수 있는 양극의 거대한 테마를 각자 제대로 체현해냈다.

혹시 피카소는 전쟁으로 괴로워하는 인간의 어리석음을 강하게 부정하고, 여성으로 표현된 대지를 절대적으로 긍정하고 싶었던 건 아닐까. '게르니카'와 '꽃병을 든 여자'가 걸작인 까닭은, 때로는 양면적인 인간에 대한 피카소의 깊은 애정과 축복이 순도 높게 숨겨져 있기 때문이라고 생각한다. 피카소가 전 세계적으로 사랑받아 온 이유도 그 때문이리라.

남은 소망은 바스크 지방의 게르니카를 소재로 한 피카소의 '게르니카'가 언젠가 구겐하임 빌바오 미술관에 전시되었으면 하는 것이다. 바스크 지방을 대표하는 미술관이 구겐하임 빌바오 미술관이기 때문이다. 많은 부분이 손상된 그림을 어떻게 운송할지와 정치적인 문제 때문에 실현되지 못하고 있지만 언젠가 모두 해결되길 바란다. 프랭크 게리의 공간 안에서 느긋하게 호흡하며 화학반응을 일으킬 '게르니카'를 보고 싶은 게 나뿐만은 아닐 테니까.

마드리드 그랑비아 거리의 웅장한
플라타너스 가로수

Architecture Note

©Brian Snelson

프라도 미술관
Museo Nacional del Prado

1785년 카를 3세가 자연사박물관을 만들고자 빌라누에바에게 의뢰하여 짓기 시작했으나 계속되는 전쟁으로 공사가 지연되었고, 이후 페르난도 7세 때 완공되어 1819년 미술관으로 개관하였다. 건물은 스페인 신고전주의의 최고 걸작이라 평가받으며 그레코, 벨라스케스, 고야, 루벤스, 반다이크 등의 미술작품을 소장하고 있다. 관람 시간은 월~토요일 오전 10시~오후 8시, 일요일과 공휴일은 오전 10시~오후 7시이다.

위치 : 스페인 마드리드
준공 : 1819년
건축가 : 후안 데 빌라누에바(Juan de Villanueva)

레이나소피아 국립미술센터
Museo Nacional Centro de Arte Reina Sofia

산 카를로스 병원 건물을 여러 차례 보수하여 오늘날 미술관으로 사용하고 있다. 1988년에 이 미술관의 상징이 된 유리 엘리베이터가 설치되었고, 2005년에는 장 누벨의 설계로 누벨관이 새로이 증축되었다. 스페인의 근현대 미술 작품을 중심으로 피카소, 달리, 미로, 타피에스, 로베르토 마타 등 20세기의 뛰어난 예술가들의 작품을 소장하고 있다. 화요일에는 휴관한다.

위치 : 스페인 마드리드
준공 : 18세기(본관), 2005년(누벨관)
건축가 : 장 누벨

©Luis Garcia

15

피나 바우쉬와
페드로 알모도바르

스페인의 괴짜, 페드로 알모도바르Pedro Almodovar
감독. 그의 영화를 좋아해서 거의 모든 작품을 봤다. 처음 본 영화는
〈그녀에게Talk To Her〉였다. 영화 도입부에 눈물을 흘리는 여행잡지 기자
마르코를 간호사인 베니그노가 바라보는 장면이 있다. 눈앞에서 펼쳐
지는 현대무용을 보며 감정을 주체하지 못하는 두 남자. 공연장에서 우
연히 옆자리에 앉게 된 둘의 시선 끝에는 무용가 피나 바우쉬의 모습이
있었다.

　　흰 원피스를 몸에 두르고 우아하게 춤추는 피나 바우쉬의 아름다
움은 보는 이를 자석처럼 끌어당긴다. 이는 말로 표현할 수 있는 성질
의 아름다움이 아니라, 직접 보고 느낄 수밖에 없다. 실은 영화를 다 볼
때까지 그 여자 무용수가 피나 바우쉬라는 실제인물인지 몰랐다. 영화
관을 나오며 산 팸플릿을 보고 나서야 그 사실을 알고 그녀에게 관심이
생겼다. 팸플릿에는 피나 바우쉬를 존경하는 알모도바르 감독이 직접
출연을 요청했다고 쓰여 있었다.

　　베를린으로 건너간 지 반 년쯤 지나자 생활이 조금씩 안정되었다.
독일의 근무시간은 일본과 비교하면 압도적으로 짧다. 유럽인은 일상
생활에서 자기 시간을 무척 소중히 생각하기 때문에 일본의 설계사무
소처럼 막차 시간까지 야근하는 일은 없었다. 저녁 7시 정도면 "츄스
Tschüs!" 하고 인사한 후 자전거로 퇴근했다.

퇴근 후에는 동료와 함께 바에서 맥주를 마시며 축구경기를 보거나 근처 화랑에 들렀다. 곧장 집에 돌아간 날이면 간단하게 식사한 후 DVD를 보거나 책을 읽었다. 충분히 여유로운 일상생활이었다.

친구에게 초대받아 홈파티에 갈 기회가 생기면서 베를린에 사는 일본인 친구도 점차 늘어났다. 대학에서 음악을 공부하는 친구들이 제일 많았고 화가나 사진가, 무용가로 활동하는 친구도 많았다. 그들과의 대화에서 화제로 자주 등장하던 인물이 피나 바우쉬였다.

그녀는 독일의 자랑이었다. 베를린에서 멀리 떨어진 독일 서부의 작은 도시 부퍼탈Wuppertal. 피나 바우쉬는 그곳에서 부퍼탈 시립무용단 Tanztheater Wuppertal을 이끌며 탄츠테아터라는 새로운 장르를 발전시켰다. 탄츠테아터란 고전무용인 발레에서 현대무용에 이르기까지 다양한 춤에 가교를 놓아 만든 새로운 무용 양식으로, 대사를 첨가하는 등 연극적인 면까지 포함된 독자적인 표현예술이다. 무엇이 튀어나올지 알 수 없는 예술 세계에 압도된 사람이 하늘의 별처럼 많았고, 나 역시 그들 중 하나였다.

그녀의 춤을 직접 봐야겠다는 열망이 끓어오르기 시작했다. 일단은 〈카페 뮐러Café Müller〉부터 볼 생각이었다. 영화 〈그녀에게〉의 첫 장면에 등장했던 춤이 〈카페 뮐러〉의 한 장면이었기 때문이다. 그런 날이 오기를 고대하던 중 벨기에 브뤼셀 극장에서 〈카페 뮐러〉를 상연한다는 소식을 접했다. 곧바로 유급휴가를 신청하고는 벨기에로 주말 여행을 떠났다.

브뤼셀 극장에서 부퍼탈 무용단의 〈카페 뮐러〉와 〈봄의 제전Le sacre

du printemps〉을 보았다. 말로 형용할 수 없는 체험이었다. 이제껏 경험하지 못한 미지의 세계와 접한 순간이었다. 관객들은 마른침을 삼키며 무대를 바라보았고, 극장 안은 농후한 공기로 충만했다. 마치 관객과 무용수가 한 몸이라도 된 것 같았다. 무대 위에 피나 바우쉬가 등장한 것만으로도 심박수가 높아졌다. 아름답게 움직이는 피나 바우쉬에게서 눈을 뗄 수가 없었다. 이렇게 오감 모두에 스며드는 경험은 생전 처음이었다. 그녀의 숨결마저 느껴지는 이 행복한 시간이 언제까지고 끝나지 않길 바랐다.

그녀의 팀은 여러 나라에서 온 구성원들로 이루어져 있었다. 내 눈에는 그것이 각각이 지닌 고유의 아름다움을 긍정하고 있는 듯 비쳤다. 아마도 그래서 더 감동적이었는지 모르겠다.

"좀 더 자유롭게 움직여 보세요." 그렇게 말하는 피나의 목소리가 들려오는 것 같았다. 피나는 개개인이 지닌 개별의 기억과 감정에 형태를 부여했고, 춤을 통해 각각의 잠재능력과 대화하고 있었다. 그것은 결코 과잉된 연출로 만들어진 세계가 아니었다. 있는 그대로의 무용수들, 서로 이질적인 사람들이 발하는 아름답고 다면적인 눈부심이 피나의 무대에 존재했다.

특정 동작이 반복되는 안무 장면 하나만 봐도 그렇다. 무용수들은 자신만의 신체언어를 발견하고자 노력하고 있는 듯 느껴졌다. 내가 피나 바우쉬로부터 받은 가장 큰 메시지는 결국 '다들 똑같지 않아도 괜찮다'는 것이었다. 그 메시지 안에는 서로 다름을 포용하는 과정을 통해, 서로 다르기 때문에 발생하는 디스커뮤니케이션discommunication을 극복하자는 강력한 공존의 가능성에 대한 메시지도 포함되어 있었다.

〈카페 뮐러〉는 카페를 무대로 한 작품이다. 뮐러라는 카페 이름은 피나 바우쉬가 태어난 고향에 실제로 있던 카페에서 따왔다고 한다. 무대 위에는 짙은 고동색 테이블과 의자가 여럿 놓여 있고, 그 속에서 남녀 무용수가 자유롭게 춤추기 시작한다. 여자 무용수는 아름답게 몸을 움직이고 남자 무용수는 다정하게 응답한다. 여자 무용수의 춤을 받아주기도 하고, 춤에 방해가 되지 않도록 조금씩 먼저 움직여 의자를 치워주기도 한다.

17세기 영국 작곡가 헨리 퍼셀의 슬픈 음악은 이 작품이 사랑의 이야기임을 결정적으로 말해준다. 아름다운 춤과 슬픈 음악을 통해 남녀 간의 디스커뮤니케이션이 고조되고, 결국 그것은 겉으로 드러나기 시작한다. 피나 바우쉬가 표현하고자 한 바는 쉽게 이해할 수 없는 사랑의 복잡함이다. 아무리 자신의 생각을 상대방에게 표현해도 상대방의 춤은 그것에 제대로 응답하지 못한다. 어느 순간 메시지는 방향을 틀어 자기 내면을 향하게 되고, 자신과의 대화를 통해 스스로를 고립시켜간다. 때로 여자는 투명한 아크릴 벽에 몸을 세게 부딪치기도 한다. 남자는 여자를, 여자는 남자를 이해하고자 하지만 한 번 틀어진 관계는 좀처럼 회복되지 못한다. 최고의 하모니를 만들어내지 못한 채 엇갈림만 반복된다.

피나 바우쉬의 춤을 보고 나니 그녀의 세계관이 알모도바르 감독의 영화와 공명하고 있으며, 둘이 같은 방향을 향해 걸어가고 있다는 생각이 들었다. 그렇게 생각하게 된 계기는 '유리'였다.

영화 〈그녀에게〉에는 마르코와 베니그노의 상대역으로 리디아와 알리샤라는 아름다운 여성 두 명이 등장한다. 기자인 마르코는 투우사인 리디아를 TV에서 처음 보고 그날 밤 바에서 그녀에게 취재를 요청하다가 사랑에 빠진다. 한편 간호사인 베니그노는 자기 집 건너편 발레 스쿨에 다니던 알리샤를 보고 첫눈에 반하고, 나중에는 불의의 교통사고로 식물인간이 된 그녀를 간호하게 된다.

두 커플의 만남에는 공통적으로 '유리'가 등장한다. TV 화면과 창문을 사이에 두고 서로를 보기 때문이다. 두 남자의 사랑이 그녀들에게 닿지 못했던 것은 볼 수 있지만 가 닿을 수 없는 유리가 그들 사이에 있었기 때문인지도 모르겠다.

교통사고와 투우경기 중의 사고로 사랑하는 사람이 식물인간이 된 것을 계기로 기묘한 우정을 쌓아가는 마르코와 베니그노이지만, 마지막에는 그 둘 사이도 유리벽으로 가로막힌다. 모종의 사건으로 베니그노가 투옥되고 그를 만나기 위해 마르코가 감옥으로 찾아간다. 그러나 베니그노가 아무리 면접실 유리에 손을 대보아도 마르코의 손을 잡을 수는 없다. 친구의 체온조차도 느낄 수 없게 된 베니그노는 앞으로 알리샤와도 만날 수 없을 거라는 절망감에 자살하고 만다.

알모도바르는 사람 사이의 완전한 의사소통이 불가능하다는 것을 유리를 통해 표현하고자 했던 것이다. 즉 알모도바르 영화에서 유리란, 눈으로는 서로 볼 수 있지만 통할 듯 통하지 않는 디스커뮤니케이션의 메타포이다. 그리고 이는 피나 바우쉬의 〈카페 뮐러〉와도 통한다. 〈카페 뮐러〉의 무대 위에는 유리 대신 커다란 아크릴 판이 놓여 있고, 그것

영화 〈그녀에게〉

이 투명한 벽 역할을 하고 있기 때문이다.

　세계는 복잡다단하며, 사람이 서로를 알아가는 과정에서 디스커
뮤니케이션은 피할 수 없는 것이라고 피나 바우쉬와 알모도바르는 이
해했다. 그러나 그 둘에게는 그런 부조리마저 받아들이는 강인함이 있
었다. 어떤 의미에서 피나 바우쉬의 춤과 알모도바르의 영화는 세계의
축소판이라 볼 수 있다. 표현 매체는 서로 달라도 그들이 전하고자 하
는 이야기는 생각보다 훨씬 더 가까웠다. 그들의 세계관을 해석하는 열
쇠는 표면적인 아름다움 뒤에 숨어 있는 디스커뮤니케이션이다. 피나
와 알모도바르는 사람 사이의 디스커뮤니케이션을 절망이 아닌 희망으

로, 사랑을 통해 극복하고자 했다. 그렇기에 피나는 춤을 멈추지 않았고, 알모도바르는 영화 마지막에 혼수상태에서 기적적으로 깨어난 알리샤와 베니그노의 죽음으로 상처받은 마르코를 다시 만나게 했다. 그 장소는 피나 바우쉬의 부퍼탈 무용단이 춤추는 극장이었다. 그곳에는 더 이상 서로를 단절하는 유리가 존재하지 않았다.

그렇게 생각하면, 아름답게 춤추는 피나 바우쉬의 영상이 알모도바르 영화 속에 사용된 건 지극히 당연한 결과다. 두 사람의 작업은 사람 사이의 디스커뮤니케이션과 만남의 기적이 서로 맞닿아 있다는 것을 가르쳐주었다. 그리고 무엇보다 보는 이에게 살아갈 용기를 전해주었다. 지금은 이 세상에 없는 피나 바우쉬. 아마도 천국에서 그녀는 환한 얼굴로 담배 한 개비 피워 물며 추억 이야기를 하고 있을 것 같다. 알모도바르의 영화에 출연했던 이야기를 말이다.

16

언덕 도시의 건축가
알바로 시자

베를린에서의 휴일은 언제나 카페에서 시작되곤 했다. 한 손에 읽다 만 책을 들고 졸린 눈을 비비며 근처 카페로 걸어가서는 제일 좋은 테라스 자리에 앉았다. 내가 살던 프렌츠라우어 베르크Prenzlauer Berg는 옛 동베를린의 중심가로, 멋지고 다양한 카페가 넘쳐나는 곳이었다. 소련의 우주비행사 가가린의 이름을 붙인 카페도 있었고, 천장이 유달리 높은 폐허 같은 분위기의 카페도 있었다. 반년 정도는 매일 다른 카페에 다녀도 될 만큼 카페가 많은, 그야말로 '카페 격전지'였다. 손님 층도 제각각이었다. 젊은이들이 모여 있기도 했고, 노인 혼자 조용히 책을 읽기도 했다. 브런치 타임을 즐기는 연인들도 있었고, 커다란 개를 산책시키다가 잠시 들러 커피를 마시는 사람도 있었다.

마음에 드는 카페도 몇 군데 있었다. 그중에서도 가장 기억에 남는 곳은 통통한 포르투갈 사람이 하던 '가라오 에 파스텔라리아'였다. 포르투갈어로 '가라오'는 우유가 듬뿍 들어간 커피이고, '파스텔라리아'는 파이를 파는 집을 뜻한다고 포르투갈인 친구 조안나가 가르쳐주었다.

가라오 에 파스텔라리아의 가라오와 노른자를 듬뿍 넣어 만든 노란색 크루아상은 최고였다. 어느새 그 집 단골이 되어버리고 말았다. 아무렇게나 펼쳐놓은 초록색 플라스틱 의자에 앉아 있는 주말 오전 시간의 가라오 에 파스텔라리아가 좋았다. 도시가 천천히 눈뜨기 시작하는, 슬로 모션을 걸어둔 듯 흘러가는 시간이 좋았다. 초록색 낮은 의자에 앉아 바라보는 베를린의 하늘은 왠지 좀 더 넓어 보였다. 그럴 때 애교 있는 웨이트리스가 웃는 얼굴로 "커피 더 필요하세요?" 하고 물어보기라도 하면 두 잔째 가라오를 추가 주문해버리고는 했다.

처음으로 포르투갈 땅을 밟은 건, 베를린 생활이 2년째에 접어든 2005년 여름 무렵이었다. 여름휴가를 맞은 조안나가 고향으로 돌아가면서 나를 초대해줬다. 조안나와는 건축공모전 팀에서 같은 프로젝트를 맡아 일하다가 친해졌다. 퇴근 후 케밥에 맥주를 곁들이며 건축 이야기를 꽃피우고는 했는데, 그러다 여름휴가 때 포르투갈을 여행하자는 이야기가 나왔다. 이후 여행 준비는 순조롭게 착착 진행되었다.

드디어 조안나의 고향이자 포르투갈 제2의 도시 포르토Porto에 도착했다. 포르토의 첫인상에 대해서 말해보라고 한다면 '엄청나게 언덕이 많은 도시'라는 말밖에 할 말이 없다. 언덕이 많다기보다는 평평한 곳이 거의 없다고 하는 쪽이 더 어울릴 만큼 어디를 가건 언덕의 연속이었다. 그것도 꽤나 가파른 언덕이 많았기에 포르토 거리에는 자전거가 전혀 없었다.

포르토는 도루Douro 강을 끼고 협곡처럼 형성된 독특한 지형을 따라 이루어진 도시이다. 언덕이 많기 때문에 몸에 가해지는 중력이 강하게 느껴질 때도 있지만, 언덕을 오르며 시선이 수평으로 자주 움직이기 때문에 시점이 극적으로 변하는 산책의 즐거움이 있는 곳이었다.

나는 한 번 걸었던 길이라면 비교적 풍경을 잘 기억한다. 여행지에서도 마찬가지다. 길눈이 밝아 헤매는 경우가 거의 없고, 계획 없이 불쑥 산책을 나서도 늘 출발점으로 제대로 돌아오고는 했다. 그러나 포르토 거리에서는 그게 쉽지 않았다. 언덕이 많은 데다가 길이 반듯하지 않고 자유자재로 굽어 있기 때문에, 어지러울 만큼 시야에 들어오는 풍경이 자주 바뀌곤 했다. 정신 차려보면 내가 어디에 있는지 알아채는 감각이 완전히 마비되어 있을 정도였다. 그도 그럴 것이, 갈 때와 돌아올 때의 풍경이 전혀 달랐기 때문이다. 그 느낌이 좋아서 포르토 거리를 자주 걸었다. 흰 대리석을 모자이크처럼 깔아 만든 올록볼록한 돌길에 부딪힌 석양은 한층 더 아름답게 난반사되곤 했다.

포르토의 언덕길을 목적 없이 걷다보면 파란색 무늬가 그려진 예쁜 타일로 장식한 건물과 만나기도 했고 아름다운 꽃으로 가득한 꽃집을 만나기도 했다. 이런 만남은 내가 길을 잃었다는 사실조차 잊게 만들었다. 등 뒤로 느껴지는 시선에 문득 뒤돌아보면 창문으로 얼굴을 내민 귀여운 고양이와 눈이 마주치기도 했다. 지루할 틈이 없는 곳이었다.

온통 언덕으로 이루어진 도시, 포르토

포르토 거리를 산책하면서 이상한 점이 하나 있었다. 어떤 식으로 길을 잃던 간에 항상 마지막에는 도루 강 근처의 히베이라 광장 Praca da Ribeira에 도착한다는 거였다. 모든 언덕이 그 광장과 연결되도록 만들어 진 건 아닐까 하는 생각이 들 정도였다. 히베이라 광장에서는 강 너머 로 포르토 와인 창고가 늘어선 절경도 볼 수 있었다. 아무튼 포르토 거리의 매력은 언덕임에 틀림없었다.

포르토에 있는 동안 조안나의 집에서 묵었다. 그 집에서 먹었던 포 르투갈 집밥이 어찌나 맛있던지 아직도 그 맛을 잊을 수가 없다. 마침 여름휴가 철이었던지라 조안나의 친척도 모여 있었다. 다들 함께 식사 했기 때문에 매일 식탁 위에는 진수성찬이 펼쳐졌다. 조안나의 어머니 를 중심으로 여자 분들이 팔을 걷어붙이고 만든 생선요리나 채소 스프 같은 게 특히 맛있었다. 스푼과 포크의 사용법 등 테이블 매너에도 다 들 신경 썼기 때문에 식사시간에는 의젓하고 예의바른 분위기가 흘렀

석수장이의 손길이 그대로 남은
포르토 언덕의 아름다운 풍경

다. 파스타를 먹을 때에는 소리가 나지 않아야 했고, 식후에 따른 포르토 산 와인은 건배 후 단숨에 비우는 게 이 지역의 식사예절이었다.

포르투갈은 가족에서 친척, 친구에 이르기까지 넓은 의미에서의 '가족'을 소중히 여기는 가치관이 여전히 잘 보존되어 있는 나라였다. 다들 공동체의 일원이라는 의식이 강했고, 조안나의 친구인 나를 자신의 친구처럼 대해주었다. 그런 까닭에 처음 본 사람들 사이에서 나도 마음 편하게 지낼 수 있었다. 경제적으로는 결코 풍족한 나라가 아닐지도 모르지만, 포르투갈은 사람들 간의 모임이나 풍요로운 인간관계를 소중히 하는 사고방식이 기본에 깔려 있는 나라이다. 게다가 자연이 아름다우며 다양한 문화와 예술이 발전한 나라이기도 하다.

포르토는 포르투갈에 모더니즘을 뿌리내린 건축계의 선구자 알바로 시자Alvaro Joaquim de Melo Siza Vieira가 자란 도시로도 유명하다. 자신이 설계한 포르토 대학University of Porto에서 교편을 잡기도 했던 그는 세랄베스 현대미술관Serralves Museum of Comtemporary Art과 개인용 주택 등 수많은 작품을 포르토 주변에 남겼다. 세계의 거장 알바로 시자의 건축을 둘러보던 중 가장 인상적이었던 건 뭐니 뭐니 해도 마르코 드 카나베제스Marco de Canaveses 교회였다.

경쾌하게 달리는 조안나의 차에 몸을 싣고 마르코 드 카나베제스라는 작은 마을로 향했다. 마을 이름 그대로가 교회 이름인 것에서 알 수 있듯 마을의 상징 같은 교회였지만 겉보기에는 그저 평범한 흰 상자로 보였다. 투명한 푸른 하늘에 떠가는 부드러운 구름과 대조적일 만큼 딱 부러지는 형태를 띤 교회 외관에서는 그다지 다가오는 게 없었다.

등 뒤의 와인 창고에서 번지는 포르토 산
와인의 달콤한 향을 느끼며 도루 강 너머
포르토 시가지를 스케치했다.

마르코 드 카나베제스 교회 위에 두둥실 구름이 떠 있다.

기대를 너무 많이 한 건 아닐까 생각하며 안으로 들어갔다. 내부에 펼쳐진 공간은 전혀 다른 차원의 세계 같아서 경탄을 금할 수가 없었다. 공간이 꿈틀거리고 있다고 해야 할까? 내부에는 정적에 휩싸인 여백이 있었고, 관찰자인 내가 그 속에서 움직일 때마다 교회의 풍경이 달라지는 것 같은 이상한 체험을 했다. 마르코 드 카나베제스 교회 내부에는 구겐하임 빌바오 미술관에서는 느낄 수 없었던 생동감 넘치는 인넨라움이 명확히 펼쳐져 있었다. 내부 벽이 좌우 비대칭으로 디자인되어 있는 데다가 굽어 있기도 해서 보는 사람의 평형감각을 약간씩 흔들어놓았다. 거리감을 파악하기 어려워지면서 눈의 움직임에 따라 공간이 수축과 이완을 반복하는 듯한 착각마저 일어날 정도였다. 색감에서도 그랬다. 마치 여러 종류의 흰색이 존재하는 건 아닐까 싶을 만큼 다양한 표정을 지닌 공간이었다.

알바로 시자가 고향 해변을 따라 설계한 레카 스위밍 풀과 황홀한 석양

시자의 건축이 특별한 이유도 바로 거기에 있다. 체험자와 보조를 맞추며 끊임없이 형태를 바꾸는 공간의 움직임. 역동적으로 변화하는 공간의 시퀀스가 보는 이에게 감동을 전해준다. 건축 내부에 있으면서도 두둥실 떠다니는 구름 속에 있는 것 같은 기분이 들었다. 황홀하고 기분 좋은 체험이었다.

또 하나 기억에 생생하게 남은 건 알바로 시자의 초기 명작인 레카 스위밍 풀Leça Swimming Pools을 보러 갔을 때 만난 석양이었다. 수평선 아래로 지던 그때의 석양은 지금까지 살면서 본 가장 아름다운 풍경 중 하나이다. 하늘에서 색채가 쏟아져 내려오는 것 같은 기적적인 순간. 하늘에서 해수면에 이르기까지 눈에 보이는 모든 것, 서로 다른 질감을 지닌 그 모든 것이 선명한 색채에 지배되고 있었다. 태양이 지기까지의 짧은 시간 동안 주황빛에서 분홍빛, 보랏빛으로 주변 일대가 변화하던 그 환상적인 광경을 어찌 잊을 수 있을까. 지금 이 순간이 특별한 선물임을 마음에 새기게 된 경험이었다. 그때 마음 깊이 결심했다. 알바로 시자가 그랬듯, 건축가로서 '지금, 여기'를 또렷이 느낄 수 있는 건축을 만들겠노라고.

그 후 포르투갈에 두 번 더 놀러갔다. 포르투갈은 언제 가도 늘 새로운 발견이 있는 나라였고, 또다시 가고 싶어지는 매력적인 나라였다. 하지만 베를린에는 가라오 에 파스텔라리아라는 나만의 포르투갈이 있다. 녹색의 낮은 의자에 앉아 여행지에서의 추억을 되새겨보는 건 내게 있어 무엇과도 바꿀 수 없는 시간이었다. 조안나가 추천해준 페르난두 페소아Fernando António Nogueira Pessoa, 1888~1935의 시집을 한 장 한 장 넘기다 보면 시간 가는 줄 몰랐으니까. 그때 마주했던 압도적인 석양을 떠올리며 마시는 두 잔째의 가라오 맛은 더 각별했다.

세 번째 포르토 방문 때 발견한
'마제스틱 카페'에서

Architecture Note

마르코 드 카나베제스
Marco de Canaveses

마르코 드 카나베제스 교회는 알바로 시자의 대표작 중 하나로, 탁월한 공간 해석력과 대지의 특성을 읽어내는 그만의 접근 방식이 드러나는 작품이다. 전면의 흰색 콘크리트 파사드는 방문자에게 강인한 인상을 주며 두 개의 타워 사이 중앙에 위치한 10m 높이의 출입구는 마음을 열고 소통하려 하는 교회건축의 모습을 보여준다.

©Rodrigo de Almeida

위치 : 포르투갈 마르코 드 카나베제스
준공 : 1996년
건축가 : 알바로 시자

레카 스위밍 풀
Leça Swimming Pools

레카 스위밍 풀은 알바로 시자가 독립하여 맡은 첫 설계였다. 바닷가 산책로 아래 바위가 많은 해변에 만들어진 레카 스위밍 풀은 방해 요소라고 할 수 있는 들쑥날쑥한 바위 해안선을 오히려 건축의 요소로 적극 활용했다. 물, 모래, 바위, 콘크리트로 만들어진 바닷가 수영장에서 사람들은 자연과 인공적인 것이 함께 만들어내는 새로운 환경을 접할 수 있다.

©Velcro

위치 : 포르투갈 마토신호스
준공 : 1966년
건축가 : 알바로 시자

17

리스본에 떠도는
페르난두 페소아의 불안

도시의 모습을 빔 벤더스Wim Wenders보다 명확하게 담아내는 영화감독이 또 있을까? 〈베를린 천사의 시Der Himmel über Berlin〉, 〈파리, 텍사스Paris, Texas〉, 다큐멘터리 영화였던 〈도쿄가Tokyo-Ga〉처럼 도시 이름이 들어간 영화 제목이 유독 많은 걸 보면, 감독 자신도 그런 사실을 정확히 인식하고 있었나보다.

　　　〈리스본 스토리Lisbon Story〉에서도 그의 재능은 여지없이 빛난다. 그는 이 영화에서 포르투갈의 수도 리스본의 표정을 훌륭한 색채로 잡아냈다. 〈리스본 스토리〉는 친구이자 영화감독인 프리드리히에게 도와달라는 부탁을 받은 필립 빈터스가 자동차로 독일에서 리스본까지 가는 과정을 그린 로드 무비다.

　　　녹음기사인 필립은 도시의 소란, 새의 지저귐, 그곳에 살아가는 사람들의 소리 같은 것들을 수집하는데 그중에서도 밴드 마드레데우스Madredeus(그 지역에 실제로 있던 밴드였다)의 음악이 다른 무엇보다 호소력 있게 다가왔다. 그들이 연주하는 음악에는 리스본의 거리 자체를 음악으로 변환한 것 같은 독특한 울림이 있다. 그들의 음악은 포르투갈의 민속음악인 파두fado를 발전시킨 것이다. 파두는 원래 포르투갈어로 '운명'을 뜻하는 말로, 기타 반주에 맞춰 진한 애수를 담아 부르는 노래다. 마드레데우스의 보컬리스트 테레사 사우게이루Teresa Salgueiro가 순수하고 맑은 목소리로 노래하는 모습은 영화 속에서 가장 인상적인 장면 중 하나였다. 푸른 조명 아래, 마치 심해에서 떠오른 것 같은 장면이었다.

음악으로 가득한 리스본 역시 언덕이 많은 도시였다. 포르토보다 많으면 많았지 적지는 않을 정도였다. '일곱 언덕의 도시'라 불리기도 하는 리스본에는 지형을 따라 아름다운 거리가 형성되어 있다. 노면전차와 케이블카가 좁은 도로를 오가며 운행되고 있기 때문에 복고적인 분위기로 가득한 곳이기도 했다. 열린 창 너머로 TV나 라디오 소리가 들려오기도 했고, 축구선수 크리스티아누 호날두의 유니폼을 입은 어린아이들이 뛰어다니는 모습도 종종 볼 수 있었다.

세계에서 가장 오래된 철골 엘리베이터를 타고 올라가 도시를 바라봤다. 오렌지색 기와를 얹은 지붕이 끝없이 이어진 풍경이 정말 아름다웠다. 리스본은 대서양을 향해 흘러가는 거대한 테주Tejo 강 하구에 위치한 항구도시로, 유럽 대륙 최서단最西端의 현관이라 할 수 있다. 포르투갈 사람들에게 리스본은 세계로 향하는 여행의 출발지이자, 변함없는 항구 풍경으로 인해 '마음의 고향'으로 깊이 뿌리내린 도시다.

포르투갈은 항해왕자 엔히크Dom Henrique가 이끌던 15세기 대항해시대에 가장 번영했던 나라다. 아프리카의 서쪽에서 남쪽 방향으로 항해하던 그들은 결국 브라질에까지 닿았고 그곳에서 사탕수수를 생산하면서 식민지로 지배하였다. 또 다른 식민지 마카오에서의 향료 무역도 활발해지는 등 당시 포르투갈은 거대한 해상제국을 이루었다.

포르투갈이 자국의 힘을 확대하던 시대의 영광은 건축에도 그대로 드러나 있다. 대항해시대에 쌓아올린 부는 호화로운 제로니무스 수도원Jerónimos Monastery이나 벨렘탑Torre de Belem 건축에 유입되었으며, 마누

제로니무스 수도원의 화려한 열주列柱와 회랑

엘 양식*이라는 이름으로 지금도 훌륭히 건재하고 있다. 지나칠 정도로 장식적인 대항해시대의 석조 건축은 마치 무언가를 과시하듯 신묘한 아름다움으로 빛나고 있으며, 세계유산으로 지정된 지금은 수많은 관광객으로 넘쳐나고 있다.

　음식문화를 접하다보니 포르투갈이 항구도시라는 사실을 새삼 깨닫게 됐다. 바다의 도시답게 생선요리가 풍부했다. 소금만 조금 뿌려 그릴에서 굽기만 했는데도 맛있다는 건 생선이 신선하다는 증거. 소금에 절인 대구 요리 '바카라오'가 입맛을 쩍쩍 다시게 만들었고, 문어를

● 마누엘 양식(Manuelino)
마누엘 1세(재위 1495~1521) 통치기에 꽃피운
건축양식이다. 이국적이고도 화려한 장식이
특징이다.

테주 강 근처의 벨렘탑

바삭하게 튀긴 '카라마리'도 정말 맛있었다.

조안나가 가르쳐줘서 갔던 포르토 식당에서는 '프란세지뇨'라는 요리를 먹었다. 고기와 소시지가 들어간 샌드위치를 치즈로 감싸고 소스를 뿌린 요리로, 서민적인 가격에 맛도 좋아 여행 중에 몇 번이나 먹으러 갔다. 굳이 패스트푸드점에 가지 않더라도 싸고 맛있는 요리는 얼마든지 많았다.

가라오는 물론이거니와, 단 과자 종류도 맛있다. 제로니무스 수도원 근처에 '파스텔 데 나타'라는 이름의 명물 과자가 있다. 커스터드 크림이 든 끝내주는 타르트로, 사람들에게 오랫동안 사랑받아온 과자다. 먹을 것들이 얼마나 맛있던지 여행지에서는 늘 건물만 스케치하던 내가 포르투갈에서는 각양각색의 요리까지 스케치하고 싶어질 정도였다.

요리의 맛은 대부분 재료의 좋고 나쁨으로 결정된다. 포르투갈은 어업뿐 아니라 농업도 발전한 나라다. 조안나와 함께 조안나의 친구 가족이 경영하는 와인 양조장에 포도를 따러 갔던 때가 생각난다. 마침 수확 철이라 친척, 가족, 친구 들까지 총출동해 포도 따는 작업을 하느라 북적북적했다. 오른쪽을 봐도 포도, 왼쪽을 봐도 포도. 그렇게 많은 포도 중 잘 익은 포도만 골라 수확했다. 주변을 가득 메우는 달콤한 향기가 너무 좋아 몇 번이나 깊게 숨을 들이마시고는 했다.

잠시 쉬는 시간에는 깜짝 놀랄 만큼 맛있는 화이트 와인을 맛볼 수 있었다. 덕분에 작업능률이 조금 떨어지기는 했지만, 해질 무렵에는 상당한 양의 포도를 수확할 수 있었다. 조안나를 빼고는 다들 처음 만난 사이였는데도 믿을 수 없을 정도로 즐겁게 공동작업을 했다. 아무래도

COMIDA PORTUGUESA / 포르투갈 요리

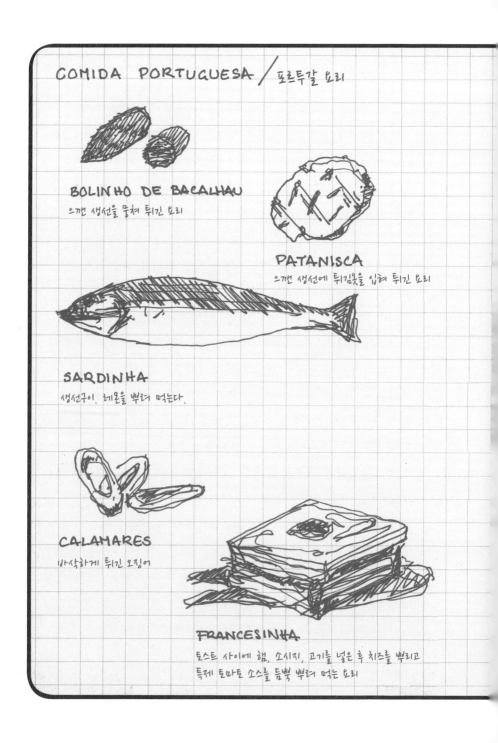

BOLINHO DE BACALHAU
으깬 생선을 뭉쳐 튀긴 요리

PATANISCA
으깬 생선에 튀김옷을 입혀 튀긴 요리

SARDINHA
생선구이. 레몬을 뿌려 먹는다.

CALAMARES
바삭하게 튀긴 오징어

FRANCESINHA
토스트 사이에 햄, 소시지, 고기를 넣은 후 치즈를 뿌리고
특제 토마토 소스를 듬뿍 뿌려 먹는 요리

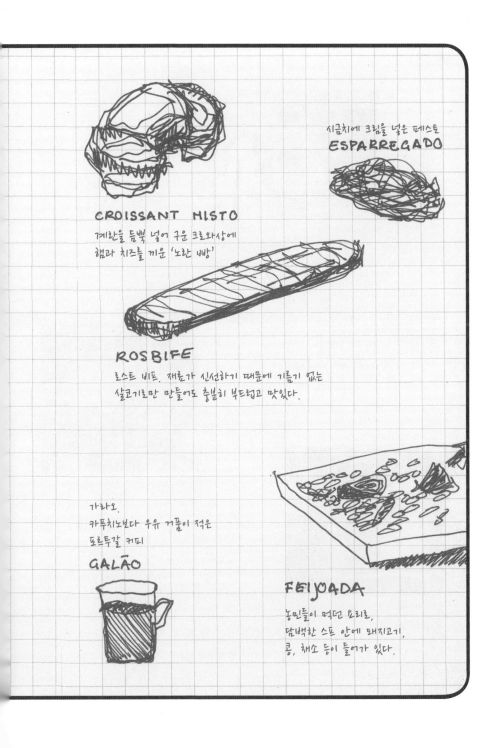

시금치에 크림을 넣은 페스토
ESPARREGADO

CROISSANT MISTO
계란을 듬뿍 넣어 구운 크로와상에
햄과 치즈를 끼운 '노란 빵'

ROSBIFE
로스트 비프. 재료가 신선하기 때문에 기름기 없는
살코기로만 만들어도 충분히 부드럽고 맛있다.

가라오.
카푸치노보다 우유 거품이 적은
포르투갈 커피
GALÃO

FEIJOADA
농민들이 먹던 요리로,
담백한 스프 안에 돼지고기,
콩, 채소 등이 들어가 있다.

포르토 명물 프란세지뇨. 서민의 맛이다.

오른쪽을 봐도 포도, 왼쪽을 봐도 포도

수확 철에는 친척, 친구 들이 총출동해
수확 작업을 돕는다.

자연의 풍요로움 때문이었으리라.

　포르투갈 사람이 쓰는 영어는 한 번 들으면 잊을 수 없을 만큼 독특한 느낌이 있는데, 농장에서 만난 사람들 모두 포르투갈식 영어를 유창하게 구사했다. 다들 씩씩했고 인상도 좋았다. 뭐랄까, 야성미가 있는 건강한 느낌이라고나 할까?

　이렇듯 포르투갈에는 자연과 조화를 이룬 옛 생활 방식이 지금도 이어져 내려오고 있다. 그런 까닭에 풍부한 음식문화가 지켜지는 게 아닐까 싶다. 완전히 도시내기가 되어버린 내가 무엇보다 부러웠던 점은 땅과의 행복한 관계가 지속되고 있다는 점이었다.

　포르토 출신 거장 알바로 시자의 건축을 리스본에서도 만나볼 수 있었다. 하늘을 나는 양탄자처럼 가벼운 느낌의 건축으로, 1998년 리스본에서 개최된 만국박람회의 포르투갈 관으로 설계된 건축이었다. 포르투갈 관은 각국의 위신을 걸고 줄지어 선 파빌리온pavilion 가운데 유달리 이채로운 건물이었다. 커다란 광장에 기둥을 세우고 마치 텐트 같은 지붕을 씌워둔 모습을 하고 있었는데, 겨우 20센티미터 두께의 굉장히 얇은 콘크리트 지붕이 시선을 사로잡았다. 또한 건물이 주변을 감싸주고 있다는 느낌과 건물 밖에 있는 것 같은 개방감이 동시에 존재하는 이상한 공간이기도 했다. 내부도 아니고 외부도 아닌 중간 영역의 공간이 실로 장대한 스케일로 전개되어 있는 느낌이었다. 방문객을 친절하게 받아들이고 포르투갈이 자랑하는 테주 강의 모습을 프레임에 담아 보여주는 아름다운 액자 기능도 수행하는 알바로 시자의 명작건축이었다.

　이 건물을 짓기 위해 와이어 레일을 연결해 콘크리트 내부를 통과

알바로 시자가 설계한 포르투갈 관. 하늘을 나는 양탄자가 떠오른다.
광장 너머로 테주 강이 보인다.

시키는 등 구조와 공법적인 면에서 눈에 보이지 않는 기술적 아이디어가 총동원되었다. 언뜻 보면 별 것 아닌 아이디어처럼 보이지만 자연스러운 유머에 수많은 기술적 선물이 보태졌기에 탄생할 수 있었던 건축이다. 알바로 시자의 건축이 늠름한 분위기를 풍기며 사람들에게 사랑받아온 것은 그런 이유 때문이다.

알바로 시자의 건축처럼 포르투갈 사람들에게 사랑받는 시인이 있다. 바로 페르난두 페소아다. 리스본 거리를 배회하며 자유자재로 이름을 바꾸면서 10인 10색의 다양한 시를 써왔던 위대한 시인. 그의 작업은 『불안의 책Livro do Desassossego』이라는 명저로 완결되었다. 페르난두 페소아가 쓴 모든 시의 밑바탕에는 깊은 어둠이 배어 있다. '나는 지금 어디에 있는가'에 대해 끊임없이 모색하는 페소아의 시를 읽다보니, 그 불안이 어디에서 생겨난 것인가 생각해보지 않을 수 없었다.

대항해시대에 무역을 통해 자신의 존재를 전 세계에 알렸던 포르투갈. 그러나 지금에 와서는 변방의 작은 나라로 영락해버린 것에 대한 열등감에서 생겨난 불안인 걸까? '더 이상 중심이 아니다'라는 사실이 지난날의 영광에 대한 그림자가 되어 불안으로 표현된 건 아닐까? 게다가 바로 옆에는 스페인이라는 대국이 있다. 오랜 세월 보이지 않는 압력을 느끼며 집단적 무의식 속에 자리 잡은 불안이 페르난두 페소아에게 시를 쓰게 했던 건 아닐까? 그는 이렇게 읊조린다.

> 내가 몽상하는 것. 내가 느끼는 것.
> 끝끝내 내 것이 될 수 없는 것. 내 속에서 사라져가는 것.
> 이 모든 것은 무언가를
> 내려다보는 테라스와 같은 것이다.
> 그리고 아름다운 것은 그 무언가다.
> 그래서 나는 쓴다.
> 곁에 없는 것에 둘러싸여
> 혼란스러워하지 말고
> 존재하지 않는 것에 마음을 담아
> 느끼는 것? 읽는 사람이 느낀다면 그걸로 충분하다.
>
> _「이것이야말로」

'존재하지 않는 것에 마음을 담아' 써내려간 것이 페소아의 시라면, 더 이상 존재하지 않는 것에 대한 민족적인 우울감이 음악으로 변환된 것이 파두라 할 수 있다. 그렇기에 포르투갈을 대표할 만한 것으로 페르난두 페소아의 시와 파두가 대중의 공감을 얻을 수 있었다. 둘 다 불안이라는 집단적 기억과 밀접한 관계를 맺으며 창작된 것이기 때문이다.

어떤 분야이건 예술적 표현을 하는 사람에게 필요한 것은 존재하지 않는 것에 대한 상상력이다. 이 말을 '역사에 대한 경의'라 바꿔 말해도 좋을 것이다. 오랜 시간 두고 깊은 열정으로 타자에 대한 상상력을 발휘하면 예술은 빛을 발한다. 적절한 모더니즘 감각에 자신만의 것을 첨가한 시자의 건축적 정서 역시 페소아가 기대고 있는 불안에서 피워 올린 한 송이 꽃과 비슷하다는 생각이 든다. 어두운 노스탤지어의 토양, 그리고 그 위에 존재하고 있는 작은 희망의 움직임. 마드레데우스의 음악 역시 파두의 슬픔 바로 앞에 있을 희망을 더듬어 찾아가는 노래이기에 더 깊은 울림으로 다가온다.

영화 〈리스본 이야기〉 마지막 부분에 실크 모자에 양복 차림을 한 남자가 등장한다. 마치 페르난두 페소아가 되살아 온 것 같은 느낌의 남자였다. 리스본 거리를 거닐다보면 지금 당장이라도 카페 문을 열고 페르난두 페소아가 등장할 것 같은 느낌이 든다. 희한한 일이다.

Architecture Note

벨렘탑
Torre de Belém

©Alvesgaspar

벨렘탑은 인도항로를 발견하여 인도 무역을
독점할 기초를 다진 포르투갈의 탐험가
바스코 다 가마의 업적을 기리는 탑이다.
제로니무스 수도원과 더불어 마누엘 양식의
대표작으로 손꼽힌다.

위치 : 포르투갈 리스본
준공 : 1521년

제로니무스 수도원
Jeronimos Monastery

©Alvesgaspar

마누엘 1세가 항해왕자 엔히크를 기리며
지었다. 석회암으로 쌓아올린 2층짜리
수도원 건물은 한 변의 길이가 약 300m에
이르며 밧줄, 조개, 바다풀 등을 새겨 넣은
세심한 장식으로 마누엘 양식을 가장 잘
보여주는 건물로 평가받고 있다. 건물에는
예배당, 수도원 등이 있으며, 포르투갈의
군주는 물론 페르난두 페소아 같은 시인의
묘도 조성되어 있다. 1983년 벨렘탑과 함께
유네스코 세계문화유산으로 지정되었다.

위치 : 포르투갈 리스본
준공 : 16세기
건축가 : 디오고 보이탁(Diogo de Boitaca),
후안 데 카스틸류(Juan de Castilho)

18

렘 콜하스의
장난기 넘치는 공간

베토벤 교향곡을 듣고 있는 청중을 부드럽게 감싸는 석양의 빛. 콘서트홀 안에서 오케스트라 음악을 들으며 태양이 저물어가는 자연의 변화를 느껴본 적이 한 번이라도 있었던가? 멈추지 않고 계속되는 음악과 공명이라도 하듯, 콘서트홀 내부는 해 질 녘의 어슴푸레함에서 암흑으로 서서히 물들어갔다. 이루 말할 수 없을 만큼 여유롭고 호사스러운 경험이었다.

생각해보니 내가 좋아하는 베를린 필하모니 홀에는 창문이 전혀 없다. 그러나 포르투갈에 완성된 카사 다 무지카Casa da Música에는 외부로 뚫린 커다란 창이 있다. 보통 콘서트홀에는 밖이 보이는 창을 만들지 않는다. 유리가 소리를 강하게 반사하기 때문에 음향의 측면에서 별로 좋지 않다는 것이 가장 큰 이유다. 그러나 카사 다 무지카는 유리를 물결 모양으로 만드는 공법을 도입해 그 문제를 해결했다. 새로운 공법 덕분에 구조적인 강도가 증가하여 큰 면적의 유리면도 사용할 수 있게 되었다. 외부와 동떨어져 있던 폐쇄적인 콘서트홀에 자연광을 끌어들여 화제를 불러일으킨 이는, 늘 상식을 뒤집는 건축을 만들어온 네덜란드 건축가 렘 콜하스Rem Koolhaas다.

렘 콜하스가 현대건축계를 이끌어가고 있다는 데는 반론의 여지가 없을 것이다. 호리호리하고 키가 큰 렘 콜하스는 로테르담을 본거지로 하는 설계사무소 OMAOfficial for Metropolitan Architecture의 대표를 맡고 있

카사 다 무지카의 창이 있는 콘서트홀

커다란 창과 독특한 장식으로 다양하게 꾸며져 있는 내부 인테리어가
훌륭하다.

다. 또 건축을 시공하지 않고 콘셉트만 고안해내는 씽크탱크 AMO(특별한 뜻은 없고, OMA의 철자를 거꾸로 해서 만든 이름이라 한다)도 운영하고 있다. 건축 설계나 도시 계획과 관련한 일뿐만 아니라 대학에서 학생을 가르치기도 하고, 책과 잡지를 출판하기도 하며, 전람회나 강연을 위해 전 세계를 돌며 활동한다. 그의 왕성한 활동 때문인지 유능하고 젊은 OMA의 건축가들도 세계 각국으로 진출해 있다.

렘 콜하스는 유럽의 지성을 대표하는 오피니언 리더라 할 수 있다. 유럽은 물론 미국, 중국, 중동에 이르기까지 그가 참여한 프로젝트 현장도 전 세계적이다. OMA에서 근무하는 친구 말에 따르면, 렘 콜하스와의 건축 회의는 오직 팩스로만 진행된다고 한다. 도면에 빨간 펜으로 그리는 종래의 흔한 방식이 아닌, 언어를 중심으로 의견을 조율해가는 것만 봐도 건축가로서 그가 지닌 독특한 면을 엿볼 수 있다.

2005년 포르투갈에 렘 콜하스가 설계한 카사 다 무지카가 완성되었다는 소식을 듣고 곧바로 찾아가봤다. 카사 다 무지카는 흰 콘크리트로 된 기하학적 건물로, 소재와 규모 면에서 주변 건물들과는 전혀 달랐다. 주위와의 강렬한 대비 속에 독특한 존재감을 뿜어내고 있었다. 마치 우주에서 떨어진 운석 같아 보였다. 돌을 이용해 지면을 불룩하게 만든 랜드스케이프 디자인은 마치 운석이 떨어질 때의 충격으로 땅이 솟아오른 듯했다.

살짝 위쪽으로 경사지며 올라간 지면 밑으로는 버스정류장이 있었고, 유선형으로 울룩불룩한 지면 위에서는 젊은이들이 스케이트보드를 타고 있었다. 언뜻 보면 쉽게 다가가기 어려워 보이지만 예상 외로

01 완만하게 경사진 땅 위에서 노는 소년들
02 아줄레주와 물결 모양의 유리

기능적인 면에서 지역 사람들에게 제대로 뿌리박고 있는 건축이라는 생각이 들었다.

원래 카사 다 무지카는 건축주와 타협점을 찾지 못해 도중에 좌절된 네덜란드 주택 프로젝트였다. 그 주택 아이디어를 일곱 배로 확대해 콘서트홀 설계공모전에 제출했고 1등으로 선정되어 건축물로 실현되었다고 하니 놀라울 따름이다. 꽤나 거칠고 무모한 시도였지만 카사 다 무지카라는 명칭이 '음악의 집'을 의미한다는 걸 생각해보면 묘하게 납득되는 부분도 있다. 해가 잘 드는 거실로 설계한 공간이 음악홀이 되고, 현관은 출입홀이 되는 식으로 훌륭하게 재탄생하였으니 말이다.

카사 다 무지카는 내부 마감에도 공을 많이 들였다. 포르투갈의 건축문화 중 하나인 아줄레주*로 꾸며진 공간도 있고, 현지의 전통가구

* 아줄레주(azulejo)
포르투갈의 독특한 타일 장식으로 유명 건축물,
미술관뿐 아니라 일반 가정집 등에서 다양하게
쓰인다.

장인과 협업하여 만든 나무 의자를 공간 여기저기 배치해두기도 했다. 그러나 가장 놀라웠던 건 콘서트홀 내부의 마감이었다. 값싼 소재인 나무 패널로 벽체를 마감한 후, 나뭇결 패턴을 확대한 무늬를 금색 페인트로 그렸다는 점이 대단했다. 그 외에도 형광색 에스컬레이터라든가 무늬 텍스타일textile을 공간의 악센트로 사용한 점 등 명쾌하고 참신한 카사 다 무지카의 디자인은 장난기 넘치는 네덜란드인다운 디자인이었다. 어쩌면 이런 새로움 속에 모더니즘 디자인의 틀을 뛰어넘을 가능성이 숨어 있을지도 모르겠다.

카사 다 무지카의 콘크리트 외관은 날카롭고 기하학적인 디자인 때문에 딱딱하고 건조한 인상이 강했다. 그러나 건물 내부를 걷다보니 상황이 달라졌다. 외관에서 받았던 건조한 느낌은 건물 중심에 위치한 콘서트홀로 빨리 들어가보고 싶은 설렘으로 바뀌어갔다. 드문드문 창문이 열려 있어 동선 공간을 따라 움직이며 콘서트홀 내부를 볼 수 있었다. 그런 점이 정말 참신했다. 동선 공간에서 콘서트홀 내부를 볼 수 있다는 것은 콘서트홀 내부에서도 동선 공간을 따라 걷고 있는 사람을 볼 수 있다는 것이니 말이다.

렘 콜하스는 공간에서 공간으로 이어지는 동선 공간을 무엇보다 중시한 건축가라는 생각이 들었다. 카사 다 무지카의 경우, 건물 중앙에 창이 있는 밝은 콘서트홀을 핵심 공간으로 배치했다. 나머지 공간은 관람객을 끌어들여 핵심 공간으로 인도하고 공연을 즐기게끔 만드는 '동선 공간의 집합체'였다.

카사 다 무지카는 주변 풍경에 녹아들지 못하는 이물 같은 건축이

긴 하지만 관람객에게는 대단히 개방적인 건축이다. 어쩌면 그는 거리 그대로를 건물과 연결하여 연속적인 존재로 느끼게 만들고 싶었던 건지도 모르겠다. 원래 '주택'이었던 프로젝트를 '콘서트홀'로 확대해도 아무 문제가 없었던 까닭은 그러한 동선 공간 콘셉트가 확실히 자리 잡고 있었기 때문이다. 주택에 사는 사람을 위해 설계된 동선 공간이 음악을 즐기는 관객을 위한 동선 공간으로 바뀌었을 뿐이니 말이다.

동선 공간에 대한 렘 콜하스의 집념을 느낄 수 있는 또 하나의 건축이 베를린에 있다. 2004년에 완성된 베를린 주재 네덜란드 대사관.

공중에 붕 떠 있는 것 같은
카사 다 무지카의 외관.
마치 우주에서 떨어진 운석 같다.

이 역시 동선 공간 그 자체를 콘셉트로 삼아 설계한 건축이라 할 수 있다. 네덜란드 대사관은 다른 대사관이 모여 있는 곳에서 조금 떨어진 슈프레Spree 강 근처에 위치하고 있다. 커다란 알루미늄 상자에서 유리로 동선 공간을 도려낸 것 같은 디자인이 상당히 모던한 인상을 준다. 이 건축의 주인공은 대사관의 주요 공간이라 할 수 있는 집무실이나 회의실이 아니라 동선 공간이다. 이러한 사실은 건물 주변에 부착되어 있거나 튀어나와 있는 복도만 봐도 분명히 드러난다.

입구까지 경사로로 연결되어 있고 경사로를 다 올라간 후 중정을 통과해 건물 내부로 들어가기 때문에, 견학 초반부터 관람객(건물 견학 투어가 있어 미리 신청하면 누구든 건물 내부를 돌아볼 수 있다)은 이 건축과 거리가 연결되어 있다는 인상을 강하게 받는다. 복도 같은 느낌의 동선 공간 구석구석에는 네덜란드를 대표하는 건축가 게리트 리트벨트Gerrit Thomas Rietveld, 1888~1964의 의자가 놓여 있기도 했고, 조명이 매립된 '빛나는 계단'도 있었다. 앞에서 언급한 '돌출 복도'는 지상 3층 높이인 데다가 놀랍게도 바닥이 초록색 강화유리로 되어 있어 오가는 내방객에게 즐거움을 전해주고 있었다. 가장 압권은 최종 목적지에 준비된 창이었다. 그 창틀 너머로 베를린의 상징이라 할 수 있는 베를린 TV 송신탑이 한 장의 그림처럼 바라다보였다.

베를린 TV 송신탑을 본 순간, 콜하스가 무엇을 하고자 했는지 문득 깨달았다. 콜하스의 의도는 여기가 베를린이라는 사실을 내방객들에게 확실히 보여주는 것이었다. 진짜인지 거짓인지는 모르겠지만, 콜하스는 네덜란드 대사관에서 베를린 TV 송신탑까지의 '천공 조망권'을 확보해 두 건물 사이에 지금보다 높은 빌딩을 세울 수 없게 조치를 취해두었다고 한다. 그건 그렇다 쳐도, 어떤 의미에서는 폐쇄적이라 할 수 있는 대사관을 거리와의 연속 공간이라는 콘셉트를 통해 개방적으로 설계한 후, 그 건물의 클라이맥스에 도시의 상징을 바라볼 수 있는 창까지 만들어둔 그의 집념에는 그저 감복할 수밖에 없다.

그리고 보니 네덜란드 여행에서 본 렘 콜하스의 초기 건축들에도 경사면을 다양하게 활용한 내부 공간이 많았다. 로테르담에 세워진 그의 출세작 쿤스탈 미술관Kunsthal Rotterdam에도 다양한 경사로가 있어 건

03
    04
05

03
베를린 주재 네덜란드 대사관. 알루미늄 상자
같은 외관에 동선 공간이 시각화되어 있다.

04
외부로 튀어나와 있는 복도는 초록색 강화유리로
마감되어 있고, 군데군데 게리트 리트펠트의
의자가 전시되어 있다.

05
베를린 TV 송신탑이 바라다보이는 창. 네덜란드
대사관 동선 공간의 클라이맥스다.

축 속을 자유롭게 돌아다니는 건축적 즐거움을 누릴 수 있었다. 보통은 계단이나 엘리베이터를 이용해 바닥과 바닥이 상하로 연결되어 있지만 쿤스탈 미술관은 공간이 경사로로 연결되어 있어 연속적인 공간 체험이 가능했다. 또한 경사로를 걷다보면 자연스레 시선이 상하로 움직이기 때문에 창밖으로 보이는 숲도 창의 높이에 따라 전혀 다르게 감상할 수 있었다. 그림을 진지하게 음미하며 이동하다보면 나도 모르게 특별 전시실이나 기념품 가게에 이르곤 했다. 전시실과 동선 공간이 명확히 분리되어 있지 않아 가능했던 공간 체험이다.

이러한 체험이 가능하기 위해서는 동선 공간을 그저 '사람이 이동하기 위한 공간'이라고 생각하지 못하게 만드는 데 그 핵심이 있는 듯하다. 쿤스탈 미술관을 걷다보면 나도 모르는 사이에 한 바퀴 빙 돌아 출입 홀로 되돌아와버리고는 했다. 그 공간 속에 있는 동안 마치 뫼비우스의 띠처럼 순환하는 옛날이야기 속에 들어가 있는 것 같은 느낌을 받았다.

렘 콜하스는 언제나 상식을 뛰어넘는 설계 작업을 하려 했다. 그가 가장 진지하게 생각했던 건 두 발로 걸으며 건축을 체험하는 보다 근원적인 것이었다. 렘 콜하스는 기발한 소재와 창의적인 색깔 배치를 통해 자신만의 위트 넘치는 공간을 만들어냈고, 매력적인 동선 공간을 연출해냈다.

Architecture Note

카사 다 무지카
Casa da Música

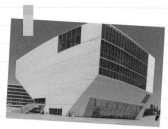

포르토의 교통 요충지인 로툰다 다 보아비스타(Rotunda da Boavista)
맞은편에 위치해 있다. 렘 콜하스는 콘서트홀의 전형적인 디자인에서
벗어난 기하학적 디자인을 선보여 카사 다 무지카를 포르토의 명물로
만들었다. 하얀 콘크리트 몸체 안에는 1,300석의 메인 콘서트홀과
350석의 콘서트홀, 리허설 룸, 포르토 국립 오케스트라단을 위한
녹음실이 있다.

©Marinhopaiva

위치 : 포르투갈 포르토
준공 : 2005년
건축가 : 렘 콜하스

베를린 주재 네덜란드 대사관
Netherlands Embassy Berlin

베를린에 있는 네덜란드 대사관 건물은 바닥이 부분적으로 유리로
되어 있는 통로, 창문, 건물 자체에 나 있는 틈새 등 어디에서도 바깥
풍경을 바라볼 수 있게 설계되었다. 주변 풍경과 잘 어우러지는
네덜란드 대사관은 2005년 유럽연합의 현대건축상인 미스 반 데어
로에 어워드(Mies van der Rohe Award)를 수상했다. 미리 신청하면
내부 가이드 투어도 가능하다.

©Achim Raschka

위치 : 독일 베를린
준공 : 2004년
건축가 : 렘 콜하스

쿤스탈 미술관
Kunsthal Rotterdam

네덜란드 출신의 렘 콜하스가 자국에 설계한 첫 번째 건축이다.
겉으로 보면 단순한 상자 형태의 건축이지만 내부는 다양한 공간으로
구성되어 있다. 한 개의 오디토리엄(다수의 관객이 퍼포먼스를 관람하는
옥내 공간)과 세 개의 전시장이 기능에 따라 층별로 나누어져 있고
이들은 하나의 동선으로 연결된다.

©Wikifrits

위치 : 네덜란드 로테르담
준공 : 1992년
건축가 : 렘 콜하스

19

파리에서 만난
두 얼굴의 렌조 피아노

대학원 시절 무용가 오노 가즈오大野一雄, 1906~2010
씨를 만난 적이 있다. 관심 가는 예술가를 만나 자유롭게 취재한 후 리
포트를 제출하라는 독특한 과제 때문이었다. 당시 나는 지도 교수인 이
시야마 오사무石山修武 선생의 자택 겸 사무실인 세타가야무라世田谷村를
매일 오가며 건축을 배우고 있었다. 그러던 어느 날 이시야마 선생이
물었다.

"자네, 오노 가즈오라고 아나?"

"아뇨. 모릅니다."

"이렇게 교양이 없어서 되겠나? 암흑무용이라는 전위예술이 있다
는 것도 전혀 모르겠네. 이번 과제 때 그분을 한번 만나보면 좋을 걸세.
학생들은 시야가 좁으니까 자기와 전혀 관계없는 분야의 뛰어난 재능
을 접해보는 게 중요하다네."

다음 날부터 곧바로 작업에 착수했다. 오노 가즈오 씨의 책을 찾아
읽고 늘 쓰던 몽블랑 만년필로 '꼭 만나보고 싶다'는 편지를 써서 보냈
다. 며칠 후 전화로 약속 시간을 정한 다음 요코하마 쪽에 있는 오노 가
즈오 무용연구소로 향했다.

짧은 시간이었지만 오노 가즈오 씨와 테이블을 마주하고 직접 이
야기를 나눈 것은 귀중한 체험이었다. 인터뷰 내용보다는 그 공간을 지
배하고 있던 강한 힘이 인상적이었다. 마치 자기장처럼 의자에 앉은 오

노 씨를 중심으로 농후한 공간이 펼쳐져 있었다. 준비해간 인터뷰를 마치고 오노 가즈오 씨의 연습실로 향했다.

제자들이 클래식 음악을 들으며 테마를 정해 춤추는 모습을 볼 수 있었다. 제한된 시간 안에 가능한 한 많은 것을 파악하기 위해 집중해서 견학했다. 무용 연습 중 서로 대화를 주고받는 모습이 인상적이었다. 언어로 사고를 촉발하여 몸을 움직이는 과정을 통해 각자의 몸 깊은 곳에 잠들어 있는 잠재력을 깨우려는 듯 보였다. 연습이 끝난 후에는 다들 둥그렇게 모여 앉아 그날 연습에서 부족했던 것들에 대해 이야기를 나눴다. 그때 한 친구를 만났다. 파리에서 온 카뮤였다.

그녀는 일본에서 일하는 아버지를 만나러 왔고, 2주째 머물고 있다고 했다. 예전에 파리에서 오노 씨의 공연을 보고 감명받아 언젠가

오노 가즈오 씨에게서는 공간을 지배하는 묘한 에너지가 뿜어져나왔다.

기회가 되면 직접 가르침을 받고 싶었다며, 프랑스 억양이 섞인 영어로 말해주었다. 우리는 집으로 돌아가는 전철에서도 이런저런 이야기를 나눴다. 특히 생각과 신체의 반응이라는 주제에 대한 두 사람의 흥미가 일치했다. 언젠가 프랑스로 가게 되면 그때 다시 이야기하자고 약속하며 카뮈와 헤어졌다. 그리고 그 약속은 지켜졌다.

이듬해 여름, 카뮈의 집으로 점심 식사 초대를 받았다. 불러준 주소로 가보니 파리의 중심가 제6구 몽파르나스Montparnasse였다. 정말 깜짝 놀랐다. 아파트 창 너머로 루브르 박물관이 내려다보였다. 꼭대기 층이었던 카뮈의 집은 흰 벽에 천정이 높았고 면적도 넓었다. 그림에나 나올 법한 프랑스 상류층의 집이었다. 감탄하며 실내를 둘러보던 중 두꺼운 사진집이 여러 권 쌓여 있던 벽난로 옆에서 조각 하나를 발견했다. 어디선가 본 적 있는 조각 같았다.

"이거 혹시 브랑쿠시 작품 아냐?"

"맞아. 조각에 대해 잘 아는구나. 숙모님이 이 조각 모델이셨어."

"오, 대단한데. 진품이야?"

"당연하지. 돌로 새긴 완성품은 아니고 석고로 만든 습작이긴 하지만 말이야. 숙모님이 브랑쿠시에게 받은 선물이라고 들었어."

그 무렵 조각가 이사무 노구치野口勇, 1904~1988의 자서전을 읽고 있었다. 그래서 젊은 시절 그의 스승이었던 콘스탄틴 브랑쿠시Constantin Brancusi, 1876~1957의 작품에 대해서도 잘 알고 있었다. 루마니아 출신의 브랑쿠시는 추상적이며 미니멀한 조각 작품을 많이 남긴 조각가다. '공간의 새Bird in Space'라는 청동 작품이 그의 대표작이다. 날아오르는 새의

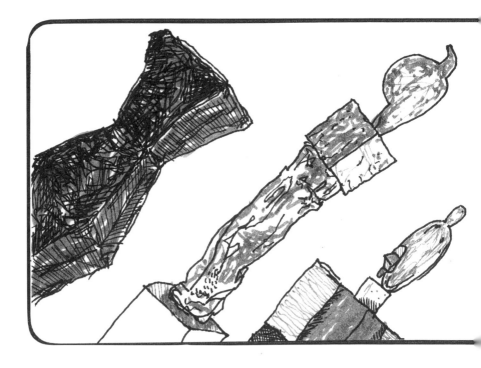

모습을 추상적으로 표현한 '공간의 새'는 강한 힘이 느껴지는 동시에
가벼움도 느껴지는 아름다운 조각이다. 루마니아의 시인 파울 첼란Paul
Celan, 1920~1970은 브랑쿠시의 조각 작품을 사랑한 나머지 「브랑쿠시의
집, 둘이서」라는 시를 한 편 남겼다.

> 여기, 바로 옆,
>
> 이 노인의 목발 옆,
>
> 그 돌들 중 하나에게

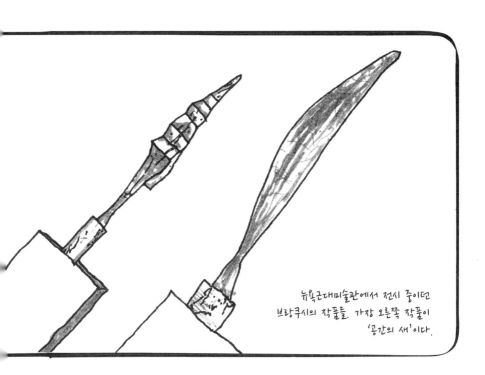

뉴욕근대미술관에서 전시 중이던 브랑쿠시의 작품들. 가장 오른쪽 작품이 '공간의 새'이다.

자신을 입 다물게 했던 것을

말해보라 한다면

그 침묵은 상처가 되어, 문을 열겠지요.

당신은 그 속으로

혼자 외롭게,

나의, 이미

도려내진 하얀 고함소리로부터도 멀리

가라앉아 가게 되겠지요.

파울 첼란은 이 시에서 브랑쿠시의 창작의 비밀에 대해 최대의 찬사를 보내고 있다. 돌 그 자체의 '육성', 즉 소리 없는 소리에 귀를 기울이며 돌이 말하고자 하는 바를 듣는 것이 브랑쿠시가 조각을 창조해내는 방식이었다. 브랑쿠시의 매력은 개인적 주장이 아닌, 돌·나무·금속 등 소재가 지니고 있는 어떤 목소리를 듣고 그것을 보편적인 형태로 섬세하게 만들어나갔다는 점이다. 전 세계 미술관에 작품을 전시하고 있을 만큼 위대한 작가의 모델 중 한 사람이 카뮤의 숙모였다니. 그 사실을 알고 또 한 번 깜짝 놀랄 수밖에 없었다.

점심 식사를 마친 후 카뮤는 브랑쿠시의 아틀리에가 복원되어 있는 미술관, 브랑쿠시 아틀리에Atelier Brancusi로 나를 데려갔다. 브랑쿠시 아틀리에는 파리의 현대 예술 경향을 대표하는 퐁피두 센터Centre Pompidou와 인접한 곳에 있었다. 그다지 넓지 않은 공간에 빽빽이 자리 잡은 그의 작품은 하나하나 엄청난 존재감을 내뿜고 있었다. 희고 아름다운 공간으로 들어온 자연광이 브랑쿠시의 작품을 부드럽게 감싸고 있었다. 이 아름다운 공간을 설계한 이는 퐁피두 센터를 디자인한 이탈리아 건축가 렌조 피아노Renzo Piano다. 여기서 특별히 언급해둬야 할 것은 두 미술관 건축 사이에 대략 20년 정도의 시간차가 있다는 점이다.

퐁피두 센터의 디자인은 기계적인 느낌이 상당히 강하다. 파랑 노랑 같은 원색으로 칠해진 철골 구조체와 설비배관, 에스컬레이터 같은 것들이 외부로 대담하게 노출되어 있다. 원래 설비배관 같은 것들은 벽과 천장 속에 숨겨두기 마련이지만 렌조 피아노는 이러한 건축의 조역들을 파사드에 노출하여 기계로서의 건축을 강하게 보여주었다. 퐁피

두 센터는 영국인 건축가 리처드 로저스^{Richard Rogers}와의 공동설계 작업
이었고, 1970년대 당시에 유행했던 하이테크° 스타일에 깊은 영향을
받은 건축이었다.

그에 반해 브랑쿠시 아틀리에는 렌조 피아노의 단독 설계 작품으
로 세련된 백색의 모던 공간을 강조하고 있었다. 소규모 건축이지만 렌
조 피아노가 건축 공간에 대해 얼마나 깊은 관심을 가지고 있었는지,
젊은 시절부터 공간에 대한 생각을 어떻게 발전시켜왔는지 그대로 전
해주는 건축이었다. 아마도 건축 형태 그 자체가 아니라 공간을 채우는
'빛의 질' 등을 최우선으로 고려하면서 디자인의 축을 바꿔온 것으로
보였다. 한 건축가가 만든 서로 대조적인 두 건축 사이에는 이렇게 20
년이란 세월이 놓여 있었다.

두 건축을 구분 짓는 또 하나의 요인이 있다. 퐁피두 센터 앞에 만
든 광장이다. 파리 같은 대도시는 시가지가 밀집되어 있기 때문에, 부
지 전면을 커다란 광장으로 만든 퐁피두 센터는 그 넓이만큼 눈에 띄는
존재가 된다. 건물 전체의 모습을 멀리 떨어진 위치에서 볼 수 있다는
건 대도시 중심지에서는 흔치 않은 일이다. 골목길이나 좁은 통로를 걷
다가 갑자기 스케일이 전혀 다른 퐁피두 광장을 마주치게 되면 시원하
게 뻥 뚫린 하늘까지 만날 수 있다. 그러니 건물이 더 도드라져 보일 수

• 하이테크(high-tech)
고도로 발달한 기술적 요소들을 접목한 디자인
경향. 극도로 세련되고 기계적 느낌을 주는
특징이 있다.

구조와 설비배관을 노출한 퐁피두 센터의 참신한 디자인

퐁피두 센터의 가장 큰 장점은 건물 쪽으로 살짝 경사진 광장을
만들었다는 점이다.

밖에 없다. 물리적으로 아무것도 없는 공간, 즉 텅 빈 광장이라는 사실이 도시에서는 커다란 은혜로 다가온다. 광장에 앉아 담소를 나누는 사람들, 퍼포먼스를 펼치는 길거리 예술가, 초상화를 그리는 화가 등 다양한 삶의 모습이 광장에 활기를 불어넣고 있다.

교묘하게도 퐁피두 광장의 바닥은 건물 쪽으로 서서히 경사져 있다. 이탈리아 중부 도시 시에나Siena의 캄포 광장Piazza del Campo을 들먹인다면 지나친 칭찬일 수도 있겠지만, 아주 사소한 장치인데도 그 효과는 상당하다. 의도하지 않아도 사람들의 시선이 다양하게 교차하기 때문이다. 부드럽게 경사진 광장이 건물 바로 앞에 있기 때문에, 마치 극장에서 스크린을 바라보듯 다양한 높이의 시선에서 건축을 바라볼 수 있는 공간이 자연스레 생겨났다. 다양한 색채의 외관 디자인이 더욱 돋보일 수 있었던 건 그런 공간 연출 때문이었다. 바로 이 부분 때문에 렌조 피아노와 리처드 로저스의 설계안이 설계공모전에서 승리를 거머쥘 수 있었고, 완성된 건물이 여전히 매력적인 까닭도 그 때문이다.

카뮈는 파리 구석구석 모르는 곳이 없었다. 멋진 카페나 에펠탑이 잘 보이는 아담한 공원 같은 곳으로 나를 데려가곤 했다. 그러던 어느 날, 카뮈가 특별한 곳으로 나를 이끌었다. 손님이 오면 반드시 데려간다는 광대한 묘지였다.

카뮈가 존경하는 음악가 마리아 칼라스Maria Callas, 1923~1977, 에디트 피아프Edith Piaf, 1915~963, 쇼팽Fryderyk Franciszek Chopin, 1810~1849은 물론 화가 에른스트Max Ernst, 1891~1976와 모딜리아니Amedeo Modigliani, 1884~1920, 작가 오스카 와일드Oscar Wilde, 1854~1900에 이르기까지 수많은 예술가가 그

현대미술 전시관 팔레 드 도쿄Palais de Tokyo
쪽에서 에펠탑을 바라보고 스케치했다.

묘지에 잠들어 있다고 했다. 내가 생각한 일반적인 묘지와는 분위기가
상당히 달랐다. 죽 늘어선 묘비에서 그곳에 잠든 이를 기리는 분위기가
전해져왔다. 또한 그곳은 묘지인 동시에 수백 년 된 울창한 나무들로
둘러싸인 근사한 공원이기도 했다. 점잖지 못한 표현일지도 모르지만,
울창한 나무들 사이로 '죽은 자의 올스타'라 할 수 있을 분들의 묘비가
이어져 있는 광경이 정말로 장대했다. 잊을 수 없는 풍경이었다. 나 혼
자였다면 가보지 못했을 그 장소에서 깊은 감명을 받았다.

그로부터 몇 년 후, 우연히 본 영화에서 남녀가 묘지를 걷는 장면

이 나오기에 깜짝 놀랐다. 에단 호크와 줄리 델피 주연의 〈비포 선 라이 즈Before Sunrise〉라는 영화였다. 어쩌면 묘지를 안내한다는 게 서양인들에 게는 지극히 당연한 행동일지도 모르겠다. 죽은 자와 대화하기를 원하 는 마음이란 죽은 자에 대한 경의의 표현이었다. 지금 여기의 내가 묘 지 가득 자리 잡고 있는 죽은 자들의 일부라는 의식과 책임감. 이런 것 들이 그들의 자립심을 지탱하고 있는 건 아닌가 하는 생각이 들었다. 역사를 대하는 그들의 의식도 느낄 수 있었다.

그 뒤로도 파리를 찾을 때마다 카뮈를 만났다. 활력 넘치는 파리지

엔느Parisienne 카뮤는 몇 년 만에 만나도 늘 똑같다. 그간 자신에게 무슨 일이 있었는지, 자랑스레 내게 근황 보고를 하고는 한다. 크림을 듬뿍 올리고 계피가루를 뿌린 카페오레를 마시며 멋지게 담배를 피우는 모습을 보면, 어쩐지 잘생긴 프랑스 남자 같기도 하고 말이다. 그녀는 언제나 내 여행 스케치북 보는 걸 좋아했다. 프랑스인은 외국인에게 불친절하기로 유명하다는 말도 있지만 내게는 그런 말이 공허한 상투적 표현에 불과했다.

이런 친구들이 세계 여기저기 있기에, 인생도 여행도 행복해지는 거라고 나는 믿고 있다. 어떤 인연이었는지 도무지 알 수 없는, 우연 같지만 나중에 생각해보면 필연적이었던 만남이야말로 더할 나위 없는 재산이 된다. 그날 요코하마 오노 가즈오 무용연구소에서 카뮤와 만나고부터 몇 년 후, 베를린에서는 피나 바우쉬의 춤을 보고 강하게 이끌렸다. 그때는 몰랐지만 지금 생각해보니 보이지 않는 실로 서로가 연결되어 있었던 건 아닐까 싶다.

Architecture Note

브랑쿠시 아틀리에
Atelier Brancusi

현대 조각의 아버지라고 불리는 루마니아의
조각가 콘스탄틴 브랑쿠시의 아틀리에를
재현한 곳으로 렌조 피아노가 설계했다.
브랑쿠시 작품의 아름다움을 감상할 수
있는 평화로운 공간이다. 무료 입장이
가능하다.

위치 : 프랑스 파리
준공 : 1996년
건축가 : 렌조 피아노

©gigi4791

©dalbera

퐁피두 센터
Centre Pompidou

레 할레 시장이 있는 파리의 중세적인
제4행정구역에 세워진 퐁피두 센터는
현대미술의 메카로서 파리 문화예술의
수준을 단적으로 보여주는 곳이다. 국립
현대미술관을 비롯해 도서관, 문화진흥부,
음악연구소 등이 들어서 있다. 유리 건물인
퐁피두 센터는 배수관과 가스관, 통풍구
등이 밖으로 노출되어 있는 것이 특징이다.

위치 : 프랑스 파리
준공 : 1977년
건축가 : 렌조 피아노, 리처드 로저스

20

천으로 뒤덮인 건축과
노먼 포스터의 유리 돔

베를린에 사는 사람을 베를리너Berliner라 한다. 2004년 봄부터 베를린 생활을 시작한 나는 그들에 대해 궁금한 점이 생겼다. '왜 그렇게까지 태양을 좋아할까?'

베를리너들은 카페에 가면 일부러 해가 드는 자리에 앉는다. 공원에 가도 잔디밭에 누워 볕을 쬐는 사람들이 정말 많다. 공원에서만 그러는 게 아니다. 기분 좋게 햇살이 쏟아지는 곳이라면 어디서건 너무나도 자연스럽게 태양을 즐긴다. 해가 좋은 날이면 남자들은 웃통을 벗고 벤치에 앉아 신문을 보고는 한다. 처음에는 그 이유를 잘 몰랐다. 바다를 가지지 못한 게르만 민족이라 지중해의 태양을 동경해서 그러는 건가 싶었으니까.

길고 어두운 베를린의 겨울을 겪어보고 나서야 그 이유를 알았다. 때로는 영하 10도 아래로 떨어지는 기온, 온몸을 찌르는 듯한 매서운 추위에 뼛속까지 얼어붙어보면 햇빛이 얼마나 감사한 것인지, 광합성을 하지 않는 인간의 몸으로도 절실히 깨닫게 된다. 언젠가부터 나도 봄이 되면 일요일 오후에 시간을 내서 외출하고는 했다. 태양의 은혜를 온몸으로 느끼고 싶어서다. 읽다 만 책을 챙겨 자전거를 달려 향하는 곳은 독일 연방의회 의사당Reichstag이다.

독일 연방의회 의사당은 영국 건축가 노먼 포스터Norman Foster의 개축으로 근사하게 부활한 베를린 명소 중 하나다. 독일 연방의회 의사당 건물은 원래 19세기 독일제국(1871~1918)의 제국의회 의사당으로 지은 건물이다. 그러나 히틀러 정권기에 발생한 의문의 화재와 전쟁 중의 포격으로 건물 일부분이 파괴됐다. 독일 분단 후에는 폐허 상태로 오랫동안 방치되었으나 통일 후 베를린으로 수도를 정하면서 '동서독 통합의 상징'으로 재건하자는 프로젝트가 수면 위로 떠올랐다.

설계공모전이 열리자, 전 세계 수많은 건축가가 독일의 이상적인 모습을 모색한 건축안을 제출했다. 그리고 수많은 건축안 가운데 실로 명확한 콘셉트로 승리를 거머쥔 이가 노먼 포스터였다. 전쟁으로 파괴된 옛 제국의회 의사당의 돔을 유리로 덮어 재건한다는 콘셉트였다. 19세기에 만들어진 무거운 느낌의 석조건축에 투명한 유리를 첨가해 가붓한 21세기 건축으로 화려하게 변신시키고자 했던 것이다. '시민에게

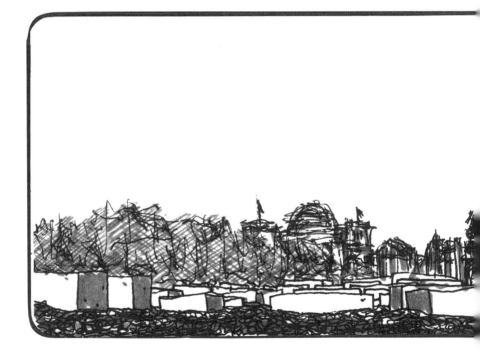

공평하게 열린 정치.' 그것을 상징하는 것이 바로 유리 돔이었다. 사람들은 노먼 포스터의 구상대로 독일 연방의회 의사당의 돔을 자유롭게 견학하며, 돔의 경사로를 걸어 올라가 360도로 탁 트인 베를린을 조망한다.

노먼 포스터는 건축가이자 사상가인 리처드 버크민스터 풀러 Richard Buckminster Fuller, 1895~1983에게 건축을 배웠다. 풀러의 수학적 개념, 장소의 제약 없이 폭넓게 보급 가능한 첨단 기술, 환경에 대한 사상을 계승한 노먼 포스터는 하이테크 스타일 건축의 기수로서 세계를 이끌어나갔다. 노먼 포스터의 하이테크 스타일은 산업혁명의 나라 영국으로 건너가 초고층빌딩 건축으로 발전하기도 했다.

당시 모더니즘 건축의 대명사는 '백색 상자 스타일 건축'이었다.

베를린의 새로운 명소 홀로코스트 기념관Holocaust Memorial Museum 너머로 바라본 브란덴부르크 문Brandenburger Tor과 독일 연방의회 의사당

그러나 포스터는 백색 상자 건축의 속박에서 벗어나 철과 유리로 된 투명한 세계를 확립하였고, 전 세계적으로 자신의 건축을 확산시켰다. 그러한 포스터의 건축 중 가장 획기적인 건축이 바로 베를린에 있는 독일 연방의회 의사당이다.

독일 연방의회 의사당이 획기적인 까닭은 신축 프로젝트가 아니라 역사적인 의사당 건물을 재생하는 프로젝트였기 때문이다. 패전의 유산이라 할 수 있는 수많은 상처를 외면하는 '해체 후 신축' 프로젝트가 아닌, 과거의 상처를 수많은 유리로 하나하나 치료해가고자 하는 포스터의 건축 디자인이 인정받았다는 게 무엇보다 감개무량했다.

외관은 원래대로 남겨두고 내부는 알아보지 못할 만큼 완전히 새롭게 바꾸는 것이 설계안의 핵심이었다. 하지만 포스터는 전쟁 중 건물을 점거하고 있던 러시아 병사들의 낙서는 일부러 남겨뒀다. 포스터는 건축을 통해 역사의 흔적을 각색 없이 그대로 보여주고자 했다. 폭격으로 파괴된 돔을 유리로 재건하겠다는 아이디어와 그 맥락을 같이 하는 부분이라 할 수 있다.

독일 연방의회 의사당 앞에는 잔디 공원이 펼쳐져 있다. 공원에 있으면 유리 돔 내부를 걷는 사람들의 모습이 보인다. 돔 중심에 배치된 역원추형 철골 오브제는 아래층의 의사당 천장에 꽂혀 있는 형태로 설치되어 있다. 더 놀라운 점은 철골 오브제 아래에 깔린 유리 바닥 너머로 정치 현장을 직접 볼 수 있다는 점이다. 실제로 그 공간을 통해 독일의 앙겔라 메르켈Angela Merkel 수상을 본 적도 있다. 노먼 포스터는 의사당 천장 일부를 투명한 유리로 디자인하면서 의사당 중심에 자연광을

01
    02
    03

01
독일 연방의회 의사당 앞에 기분 좋게
펼쳐진 잔디 광장

02
돔 내부의 경사로를 따라 걸으면
꼭대기까지 올라갈 수 있다.

03
의사당 천장을 향한 원추형 오브제. 철골
구조에 수많은 거울이 달려 있다.
원형 테두리 안쪽에는 투명한 유리가 깔려
있어 의회실을 직접 내려다볼 수 있다.

투입하는 데 성공했고, 그 부드러운 연출에 수많은 사람이 매료됐다. 독일 연방의회 의사당이 관광 명소가 될 수 있었던 건 전적으로 노먼 포스터의 디자인의 힘 때문이다.

수많은 사람을 매료한 또 다른 이벤트가 이곳에서 열린 적이 있다. 노먼 포스터가 현대건축으로 재건하기 직전인 제국의회 의사당 시절의 일이었다. 예술적 동지이자 부부인 크리스토Christo Yavashev와 잔 클로드 Jeanne-Claude, 1935~2009의 설치미술 퍼포먼스가 진행되었다. 건물 전체를 천으로 완전히 덮어버리는 파격적인 퍼포먼스였다.

크리스토와 잔 클로드는 1935년 6월 13일, 같은 날 서로 다른 장소에서 태어났다. 크리스토는 불가리아에서, 잔 클로드는 모로코에서 태어났고 이후 두 사람은 파리에서 만나 결혼했다. 그들은 전대미문의 독특한 방식으로 사회에 메시지를 전하는 아티스트였다.

그들은 뭐든지 천으로 덮어버렸다. 파리 센Seine 강에 제일 먼저 설치된 다리 퐁네프Pont-Neuf도 천으로 덮어버렸고, 나무를 통째로 천으로 싸매버리는가 하면 분홍색 천으로 섬을 한 바퀴 빙 둘러버리기도 했다. 그들의 의도는 천으로 덮어버리는 행위를 통해 지금까지 익숙하게 봐왔던 다리나 나무가 전혀 다른 것으로 보이게끔 만드는 것이었다. 폴리에틸렌 천으로 물체의 표면에 존재하는 수많은 정보를 감싸버리는 것만으로도 지금까지와는 전혀 다른 존재로 다시 태어난다. 어떤 물체가 극한까지 추상화되면 그 내부에 대한 상상력이 극대화되기 마련이다.

상식에 대한 의심. 이것이 바로 크리스토와 잔 클로드의 창작 원점에 존재하는 정신이다. 천에 덮여 윤곽만이 선명하게 도드라진 고독한 물체에는 보는 이를 압도하는 힘이 담겨 있다. 예술의 목적이 그것을 보는 사람에게 놀라움을 전달하는 것이라면, 크리스토와 잔 클로드보다 더 뛰어난 예술가는 없을 것이다. 어이없을 정도로 단순한 아이디어이지만 그들의 작품은 놀라움을 넘어 깊은 감동을 전해준다.

천으로 뒤덮어버린다는 행위 자체뿐 아니라 그들이 프로젝트를 실현하기까지의 과정도 대단하다. 한 나라의 의사당을 천으로 뒤덮는 퍼포먼스를 하기 위해서는 정치가를 비롯해 수많은 사람의 허가가 필요한 것은 물론, 드는 비용도 막대하다. 둘은 끈기 있는 교섭을 해나갔고 예술의 꿈에 대해 지속적으로 호소했다. 좌절하지도 않았고 타협하지도 않았다. 그저 묵묵히 프로젝트를 진행할 뿐이었다. 프로젝트 자금은 자신들의 그림을 팔아서 만든 돈으로만 조달했다. 스폰서에게 협찬 형태로 큰돈을 받으면 프로젝트 진행 시 이런저런 참견을 피할 수가 없기 때문이었다. 그 시작은 '그림의 떡'처럼 허황되어 보였을지도 모르나, 결국 그들은 꿈을 실현해냈다.

색연필을 능숙하게 사용하는 크리스토의 그림은 넋을 잃을 만큼 아름다웠다. 프로젝트 완성 예상도를 극명하게 표현해낸 크리스토의 그림들은 마치 프로젝트가 완성된 후에 그려진 게 아닐까 싶을 만큼 프로젝트의 전모가 현실적으로 표현되어 있었다. 그 그림의 힘이 사람들의 마음을 움직였고, 꿈을 실현하는 과정 속으로 그들을 동참시켰다. 모든 프로젝트를 이런 식으로 진행했기 때문에 10년 혹은 20년이라는 긴 준비 기간이 필요했다. 그러나 정작 천으로 덮어놓는 기간은 고작 2주일에 불과했다. 이런 부분이 어떤 면에선 낭만적이기도 하다. 재현 불가능한 14일, 그 순간의 불꽃을 위해 어마어마한 노력을 차곡차곡 쌓아간다는 것이니까.

제국의회 의사당을 천으로 뒤덮는 프로젝트도 예외는 아니었다. 구상은 1971년부터 시작됐고 포스터가 재건 공사를 본격적으로 시작하기 전인 1995년에야 완료될 수 있었으니, 그야말로 정신이 아득해질 정도의 준비 기간을 거치고 나서야 실현된 프로젝트였다. 은색 천으로 완전히 감싼 후 선명한 푸른 끈으로 묶은 제국의회 의사당은 연일 엄청난 인파에 휩싸였다. 천으로 뒤덮자, 전쟁으로 소실된 돔의 부재가 한층 더 강조되었다. 바로 그 부분에 크리스토와 잔 클로드가 25년 동안 끌고 온 사상이 함축되어 있었다.

천으로 둘러싸인 제국의회 의사당을 본 수많은 시민은 아득한 상상 저편을 경험했을 것이다. 이후 완성될 포스터의 유리 건축을 상상하며 크리스마스 선물을 열기 전의 아이처럼 가슴 두근댔던 이도 있었을 것이다.

크리스토와 잔 클로드의 설치미술 작품을 실제로 본 적이 딱 한 번 있다. 그 행운은 불시에 찾아왔다. 2005년 뉴욕에 갔을 때의 일이었다. 자주 찾아 익숙한 센트럴파크가 낯선 분위기에 휩싸여 있었다. 공원 안에 주황색 천이 드리워진 문이 죽 늘어서 있었기 때문이다. '더 게이트 The Gates'라는 제목의 그 설치미술 작품은 눈 내리는 맨해튼의 센트럴파크에서 강렬한 빛처럼 자신의 존재감을 내뿜고 있었다. 광대한 공원에 엄청난 수의 문이 설치됐고, 수많은 주황색 천이 바람에 휘날렸다. 뉴요커들이 줄지어 그 문 아래로 지나가던 광경이 지금도 뇌리에 선명하다. '일상 속의 비일상'을 즐기는 그 모습을 보면서, 크리스토와 잔 클로드의 설치미술은 사람들에게 '일상 속에 숨겨진 새로움'을 눈치채도록 만드는 일종의 축제가 아닐까 하는 생각이 들었다. 이러한 이벤트는 그들이 건네는 작은 제안이다. 다른 방향에서 색다른 방식으로 세상을 바라보는 재미를 알려주는 작지만 소중한 제안 말이다.

19세기 말, 당시의 최신기술을 이용해 만든 제국의회 의사당은 '행복한 건축'이라 할 수 있다. 화재와 전쟁으로 한때 폐허가 되기도 했지만 그 후 근사하게 부활하였기 때문이다. 게다가 독특한 아티스트들의 퍼포먼스 무대가 되기도 했고, 현대를 대표하는 건축가의 손을 통해 유리 돔 건축으로 새롭게 태어날 수 있었으니 말이다. 크리스토와 잔 클로드의 설치미술 작품과 노먼 포스터의 건축, 그 둘의 밑바탕에 흐르고 있는 것은 베를린의 정치가 획득해낸 자유에 대한 경의와 찬미였던

크리스토와 잔 클로드의 설치미술 작품 '더 게이트'.
눈 내린 센트럴파크에서 주황색 천들이 바람에 나부끼고 있다.

건 아닐까? 에리히 프롬Erich Pinchas Fromm, 1900~1980은 '자유로부터의 도피'에 대해 썼지만 노먼 포스터와 크리스트, 잔 클로드는 자유의 가능성을 하나의 건축을 통해 명확하게 표현해냈다. 21세기 예술과 건축이 사회와 어떤 식으로 관계를 맺어야 하는가에 대하여 하나의 답을 내놓았던 것이다.

　　어느 일요일 오후, 비슬라바 쉼보르스카Wislawa Szymborska, 1923~2012의 시집『끝과 시작』을 읽으며 독일 연방의회 의사당의 잔디 광장에 누워 있었다. 고개를 들어보니 의사당의 유리 돔이 반짝반짝 빛나며 햇빛을 반사하고 있었다. 유리 돔이 태양을 즐기고 있는 느낌이었다. 그걸 보고 있자니, 햇빛을 즐길 줄 아는 독일 연방의회 의사당도 훌륭한 베를리너구나 싶었다.

21

빼셈의 건축으로
다시 태어난 미술관

언제나 내 여행 계획의 기준은 보고 싶은 건축
이다. 그리고 새로운 곳에 가면 반드시 들르는 곳이 있다. 미술관이다.
새로 만나게 될 미지의 세계에 대한 기대감, 그 뭐라 표현하기 힘든 두
근거림에 자석처럼 이끌려 발걸음을 옮기게 된다. 대도시든 작은 마을
이든 규모는 상관없다. 어딜 가건 어떤 식으로든 미술관은 있기 마련이
니까. 미술관에 들를 때마다 나는, 인간이 예술을 통해 누릴 수 있는 것
들이 얼마나 많은지 새삼 느낀다.

세계 여러 곳의 미술관을 찾아다녔던 나지만 테이트 모던 미술관
Tate Modern을 처음 찾았을 때의 충격은 가히 압도적이었다. 테이트 모던
미술관은 본래 템즈Thames 강변에 세워진 벽돌조의 발전소 건물이었다.
테이트 재단이 오랜 세월 폐허로 방치되어 있던 이 건물을 모던 아트
미술관으로 재생한다며 국제 설계공모전을 열자 엄청난 주목을 받았
다. 현대건축을 대표하는 수많은 건축가가 설계공모전에 참가했고, 스
위스 바젤 출신의 젊은 두 건축가 헤르조그Jacques Herzog와 드 뮤론Pierre de
Meuron이 당선되었다.

그들이 제안한 디자인은 참으로 단순했다. 그들은 템즈 강 건너편
에 있는 세인트 폴 대성당St. Paul's Cathedral과 짝을 이룰 수 있도록 발전소
굴뚝을 그대로 두었다. 증축한 것은 상부뿐이었다. 기존 건물 위에 눈
이라도 쌓인 것처럼 2층 높이의 백색 유리 상자를 가지런히 올려 공간

노먼 포스터의 30 세인트 메리 액스30 St. Mary Axe와
리처드 로저스의 로이즈 빌딩Lloyd's Building.
영국 양대 거장의 건축이 한 블럭 안에서
서로의 건축미를 뽐내고 있다.

텐즈 강 너머로 보이는
테이트 모던 미술관

을 확장한 것이 증축의 전부였다. 내부에도 그다지 손을 대지 않았다. 무언가를 더하는 재건이 아니라 '뺄셈의 재건'을 통해 새로운 매력을 창조하는 방식을 선택했던 것이다. 아마도 그들은 내부 벽을 헐어 최대한 넓은 공간을 확보하는 것이 발전소를 미술관으로 활용하는 최선의 선택이라 확신했을 것이다. 물론 그 밑바탕에는 발전소로 쓰이던 공간에 깃들어 있는 무수한 기억과 보이지 않는 이야기의 힘을 감지하고 그것을 이어가고자 한 건축가의 강한 의지가 있었음을 알 수 있다.

그들의 생각이 가장 명확히 드러나 있는 곳은 출입구 쪽의 텅 빈

공간, 터빈 홀Turbine hall이다. 이 공간에 깃들어 있는 스케일과 밀도가 테이드 모던 미술관에서 가장 인상적인 부분이다. 공간의 크기에 압도되어 숭고함마저 느꼈던 나는 잠시 그 자리에 멈춰 설 수밖에 없었다. 이 자리에 발전소 터빈이 있었다고 상상해보니 감동이 점점 커졌다.

지금은 완전히 텅 빈 터빈 홀. 그 거대한 공극으로 자신의 존재를 고요히 주장하고 있는 터빈 홀은 런던의 예술 애호가들과 전 세계 관광객을 환영하는 '모두의 현관'으로 제 기능을 훌륭히 수행하고 있었다. 그러나 터빈 홀은 단순히 크기만 큰 입구 홀은 아니다. 지상 7층 높이의 장대한 공간은 전시 공간도 겸하고 있었기 때문에 말 그대로 현대 예술가들의 캔버스였다.

테이트 모던 미술관은 매년 쟁쟁한 예술가들을 선정해 터빈 홀에 작품을 전시한다. 롯폰기 힐즈Roppongi Hills에 거대한 거미 조각 '마망 Maman'을 만든 설치미술가 루이즈 부르주아Louise Bourgeois, 1911~2010, 다양한 금속으로 강렬하고 대담한 작품을 만들고 있는 조각가 아니쉬 카푸어Anish Kapoor, 중국의 현대 미술가 아이 웨이웨이艾未未 등 세계적인 예술가의 작품이 전시되고는 했다.

그중에서 최대의 화제를 불러일으킨 전시는 2003년에 있었던 '웨더 프로젝트Weather Project'였다. 베를린을 거점으로 활동 중인 코펜하겐 출신의 예술가 올라퍼 엘리아슨Olafur Eliasson이 터빈 홀에 태양을 만들어 설치한 놀라운 작품이었다. 엄청나게 넓은 터빈 홀의 공간을 역이용한 발상의 전환이 대단했다.

건축 내부에 존재하는 거대한 터빈 홀을 건축 외부로 상정하고, 자연적인 기상 현상을 건물 내부에서 인공적으로 만들어내고자 한 전시였다. 그 발상은 물론이거니와 그것을 실현해낸 공법도 감탄스러웠다. 홀 천장 전면에 거울을 부착하고 거울을 설치한 천장과 벽이 수직으로 만나는 곳에 반원의 오렌지빛 발광체를 설치했다. 그리고 자욱한 연무를 뿜어내는 기계를 설치해 태양이 저물어가는 해 질 녘 풍경을 건물 내부에 만들어낸 것이다. 천장에 설치한 거울 때문에 공간은 시각적으로 두 배 이상 넓어 보였고, 거울에 비친 반원형 발광체는 완벽하게 둥근 모양의 아름다운 태양처럼 보였다.

웨더 프로젝트의 태양은 날씨가 나쁘기로 유명한 런던에서 인간이 자연에 보다 가까이 다가간 순간이었다. 웨더 프로젝트는 사람의 힘으로는 어찌할 수 없다고 여겨지던 자연 현상에 과감히 도전했고, 어쩌면 가능할지도 모른다는 새로운 꿈을 제시해준 프로젝트였다. 터빈 홀에 뜬 인공 태양은 고딕 교회 건축의 둥근 장미창rose window을 연상시킬 만큼 숭고한 예술품이었다. 수많은 이가 웨더 프로젝트에 매료됐고, 엘리아슨은 서른여섯의 젊은 나이에 세계가 가장 주목하는 아티스트가 되었다.

지금은 전설이 되어버린 웨더 프로젝트. 그걸 직접 보지 못했다는 게 너무 아쉬웠다. 두 번 다시 그 작품이 전시될 일은 없으리라. 웨더 프

놀라우리만치 드넓은 테이트 모던 미술관의 터빈 홀

로젝트는 데이트 모던 미술관의 터빈 홀만을 위해 고안된 작품이기 때문이다.

올라퍼 엘리아슨은 사물의 겉모습이 아니라 거기서 일어나는 현상에 관심을 가진 예술가이다. 물론 그 주인공은 빛이다. 그는 무언가를 만들어냄으로써 형성되는 '새로운 환경' 그 자체에 깊은 예술성을 느꼈고, 그렇기에 시시각각 변화하는 빛을 작품에 담고자 했다. 그의 작품은 특정한 장소, 한정된 시간에만 볼 수 있는 기적과도 같은 것이다.

어떤 이들은 그를 '빛의 조각가'라 칭한다. 빛이라는 무형의 것을 시각화해 관람자에게 확실히 인식시키는 방식이 그만큼이나 대단했기 때문이다. 아마도 웨더 프로젝트는 엘리아슨이 공간과 시간이라는 문제에 누구보다 근접해 있었기에 실현 가능했던 예술이라 할 수 있을 것이다.

공간에 접근하고자 한 예술가가 엘리아슨뿐이었던 건 아니다. 영국 조각가 안토니 곰리Antony Gormley 역시 새로운 공간을 창조해낸 전시 '블라인드 라이트Blind Light'(2007)로 화제를 불러일으켰다. 웨더 프로젝트는 놓쳤지만, 다행스럽게도 런던 헤이워드 갤러리Hayward Gallery에서 전시 중이던 블라인드 라이트는 직접 볼 수 있었다. 블라인드 라이트는 단적으로 말하면, 구름 속에 들어간 것 같은 체험을 할 수 있는 설치미술 작품이다. 전시 제목에서 알 수 있듯, 빛이 가득한 공간에 있으면서도 안개로 시야가 확보되지 않는 모순을 체험할 수 있는 전시였다.

안토니 곰리는 사방을 유리로 막은 투명한 방 안에 안개를 가득 채운 후 천장에 설치된 형광등을 환하게 밝혔다. 그 순백의 세계 안에서는 바로 옆 사람의 모습조차 보이지 않았다. 놀랄 만큼 단순했지만 이

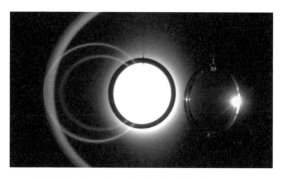

올라퍼 엘리아슨의 '그림자의 빛'. 2005년 도쿄에 있는
'하라 미술관'에서 올라퍼 엘리아슨의 첫 개인전이 열렸다.

제껏 겪어보지 못한 종류의 공간 체험이었다. 어렸을 적 누구나 품었을
만한 작은 소망이 실현된 것 같은 기분이라고나 할까. 비행기 창 너머
로 봤던 구름, 그 속에 들어가보고 싶었던 아이의 작은 꿈 말이다.

안토니 곰리는 인체와 그 기억을 테마로 삼아 다양하게 변형된 인
간의 신체를 금속으로 제작해온 조각가였다. 지금까지 그가 해왔던 작
업들을 생각하다보니 블라인드 라이트라는 작품이 보다 더 흥미롭게
느껴졌다. 녹슨 철 등 물질성이 강한 금속으로 인간의 신체를 표현하던
조각가가 인체가 아닌 신체감각에 관심을 두기 시작하면서 구름 속에
있는 듯한 공간 체험이 가능한 설치미술 작품까지 만들어낸 것이다. 인
체에서 신체감각으로 관심이 옮겨갔다는 것은 시사하는 바가 크다.

이렇듯 엘리아슨이나 곰리 같은 예술가들은 무형의 대상을 작품
화하고자 자신들의 영역을 건축으로 넓혔다. 반면 프랭크 게리 같은 건
축가들은 흡사 자신이 예술가이기라도 하듯 건물 조형에 대한 강한 관

심을 드러내기 시작했다. 어떤 의미에서 보자면 건축이 예술로 접근한 것이며, 그를 통해 건축과 예술의 경계가 점점 사라져가고 있다고도 할 수 있다. 아무래도 나는 건축으로 접근하는 예술가들 쪽에 더 공감이 간다.

예술가들이 강한 관심을 보이는 쪽은 건축의 외관보다는 내부 공간이다. 데이트 모던 미술관을 만든 헤르조그와 드 뮤론이 지닌 건축적 자세도 건축에 접근하는 예술가의 그것과 공명하고 있다고 생각한다. 외부보다는 내부 공간을 진지하게 고민한 건축 작업이었기 때문이다. 데이트 모던 미술관뿐만 아니라 그들의 모든 작업이 그랬다.

건축 콘셉트란 건물을 통해 무엇을 전달할 것인가 하는 비언어적 메시지이자, 앞으로 그 건물이 어떻게 존재하길 바라는가에 대한 희망이다. 건축을 본 사람이 강렬한 인상을 받고 감동하는 까닭은 그러한 건축 콘셉트가 시종일관 지켜지고 있기 때문이다.

곰리가 창조한 공간, 블라인드 라이트

테이트 모던 미술관의 콘셉트는 런던 거리에 끊임없이 전기를 공급하던 발전소 재건을 통해 그곳을 전기 대신 예술을 공급하는 곳으로 부활시키는 것이었다. 그를 위해 발전소가 내포하고 있는 장소의 기억, 즉 터빈 홀을 예술을 위한 캔버스로 승화시켜 매력적인 미술관 공간으로 다시 태어나도록 만들었다.

테이트 모던 미술관에는 과거에 대한 깊은 경의가 담겨 있고, 미술관을 어떻게 사용할 것인가에 대한 건축가의 상상력도 녹아들어 있다. 헤르조그와 드 뮤론은 미술관을 찾는 이들을 어떻게 반길 것인지, 작품 전시 공간으로 어떤 형태가 이상적일 것인지 철저히 고민했다. 그 덕에 건축가 자신의 에고나 주장이 전면에 나서지 않은 건축이 탄생할 수 있었다. 본래의 장소와 조화를 이룬 질서 있는 공간이 만들어질 수 있었던 건 그런 그들의 노력 때문이었다.

비유하자면 테이트 모던 미술관은 하나의 악기와 같다. 그리고 예술가는 그 악기로 최고의 퍼포먼스를 보여주는 연주자다. 성공적인 연주를 하기 위해 헤그조그와 드 뮤론이 할 수 있는 일은 무엇이었을까? 발전소였던 건물이 지닌 이야기를 보존하여 세계에 하나밖에 없는 독특한 장소를 제공하는 것이 최고이자 최선의 선택이었을 것이다.

현재 테이트 모던 미술관 바로 앞에 노먼 포스터가 설계한 밀레니엄 브리지Millennium Bridge가 완성되어 있다. 많은 사람이 강 건너편의 금융가 시티 오브 런던에서 최첨단 다리를 건너 새롭게 변신한 테이트 모던 미술관을 찾고 있다. 찾아온 이는 누구든 터빈 홀의 따뜻한 환대를 받는다. 그리고 아름다운 예술이 연주하는 선율을 마음껏 즐긴다.

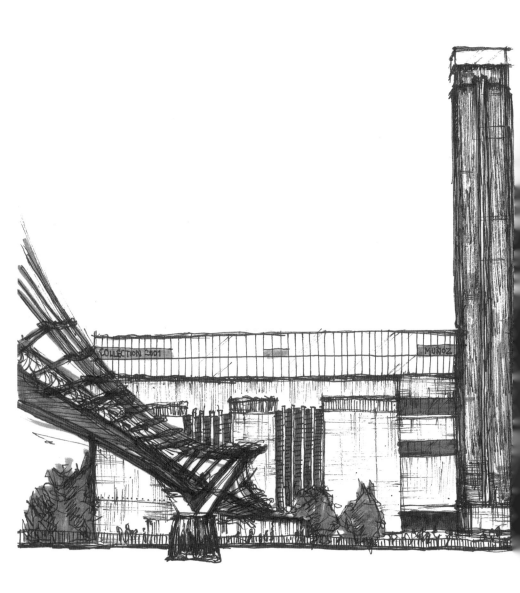

2001년 첫 방문 때 스케치한
테이트 모던 미술관

금융가에서 밀레니엄 브리지를 건너 세계 제일의 미술관으로 향하는 길

Architecture Note

테이트 모던 미술관
Tate Modern

1981년 문을 닫은 뱅크사이드(Bankside) 발전소를 개조하여 만든
미술관이다. 2000년 개관하였으며 20세기 이후의 현대미술품을
전시한다. 템스 강 북쪽과 2000년에 새로 지은 밀레니엄 브리지로
연결된다. 건물 한가운데에 발전소에서 사용하던 높이 99m의
굴뚝이 솟아 있는데, 반투명 패널을 사용하여 밤이면 등대처럼 빛을
내도록 개조하였다. 스위스 정부의 지원을 받아 만들어 '스위스
라이트'라고 부르는 이 굴뚝은 오늘날 테이트 모던의 상징이 되었다.

©Christine Matthews

위치 : 영국 런던
준공 : 2000년
건축가 : 헤르조그, 드 뮤론

30 세인트 메리 액스
30 St. Mary Axe

스위스 리(Swiss Re) 보험회사의 본사 건물이다. 처음 건물 모형이
공개되었을 때 독특한 생김새 때문에 온갖 조롱에 시달리기도 했다.
오이지를 닮았다 해서 거킨 빌딩(The Gherkin)이라 불린다. 날씨에
따라 자동으로 작동하여 일조량을 조절하는 햇빛 가리개와 자연
환기 등 친환경 설계로 유명하다. 1년에 한 번 오픈 하우스 데이
때만 일반인에게 공개한다.

©John Salmon

위치 : 영국 런던
준공 : 2003년
건축가 : 노먼 포스터

로이즈 빌딩
Lloyd's Building

보험회사 로이즈의 사옥이다. 렌조 피아노와 함께 퐁피두 센터를
설계한 리처드 로저스의 작품이다. 퐁피두 센터처럼 엘리베이터,
수도관 등의 내부 구조를 겉으로 드러낸 독특한 외형을 하고 있다.
건물 내부는 1년에 한 번 오픈 하우스 데이 때만 공개한다.

©Stephen Richards

위치 : 영국 런던
준공 : 1986년
건축가 : 리처드 로저스

22

도서관, 손만 뻗으면
닿을 수 있는 새로운 세계

스톡홀름 시립도서관Stockholm Public Library에 처음 발을 들여놓은 순간, 멍해지면서 발이 그대로 멈춰버렸다. 도서관이라는 곳이 그저 서적을 수납하는 곳이 아님을 그 순간 깨달았다고나 할까. 깊은 정적 속에서 서가에 꽂혀 있는 책들이 장대한 지식의 바다로 나를 끌어당기는 듯했다. 인간의 지혜가 가시화된, 마치 배움의 신전과도 같은 공간이었다. 이 아름다운 도서관을 설계한 이는 스웨덴이 자랑하는 건축가 군나르 아스플룬드Gunnar Asplund, 1885~1940다.

스톡홀름 시립도서관은 커다란 원주가 직육면체에 꽂혀 있는 모양이다. 1928년에 지어진 기하학적 형태의 외관은 곧 피어날 북유럽 모더니즘 건축을 예감하게 해주는 디자인이었다. 넓은 공원 한쪽에 자리 잡고 있었던 까닭에 더 당당해 보였고, 공간 구성이 단순 명쾌했기 때문에 밖에서 보는 것만으로 내부를 상상할 수 있을 것만 같았다. 그러나 내부에 한 발 디디는 순간, 이곳에서의 건축 체험을 한 마디 말로는 설명할 수 없으리란 걸 깨달았다.

어슴푸레하고 절제된 출입 공간을 지나 계단을 올라서자 불현듯 크고 밝은 원통형 공간이 눈앞에 펼쳐졌다. 도서관 이용자들은 갑작스레 넓게 확 트인 시야와 그 공간의 압도적인 스케일에 깜짝 놀라게 된다. 어둡고 좁은 출입 공간과 크고 밝은 원통형 공간의 대비가 주는 효과가 대단했다.

스웨덴의 자랑,
스톡홀름 시립도서관

원형 홀 내부에는 정면이라 할 만한 것이 없었다. 둥글게 굽어 있는 벽 때문에 각진 모서리도 전혀 없었다. 높은 천장에서 쏟아지는 부드러운 빛이 포근하게 감싸주는 느낌이 특별했다. 한 바퀴 빙 둘러보니 보이는 것이라고는 책, 책, 책. 내 앞에 펼쳐진 책의 세계 속에서 넋을 잃고 말았다. 책 한 권 한 권에 잠들어 있을 내가 알지 못하는 광대한 세계. 그 안에 들어가 있으면 그 누구라도 책에 몰입하고 싶은 기분이 들 것 같았다. 천천히 시간 가는 줄 모르고 말이다.

나는 여행 중에 서점이나 도서관에 가서 책장 사이를 어슬렁거리기를 좋아한다. 꼭 뭘 찾겠다는 목적 없이 그냥 어슬렁거린다. 지구상에는 정말 이런저런 책이 많다. 책을 구경할 때는 그 나라의 말을 몰라도 괜찮다. 의외로 사람의 몸이란 책 그 자체에 반응하기 때문이다. '지성의 반사 신경' 같은 게 발휘되는지도 모르겠다.

스톡홀름 시립도서관에 머무는 동안 책등이 나에게 손짓하고 있는 것 같은 느낌을 받았다. 스웨덴어로 쓰여 읽지도 못할 논문집을 손에 들고 페이지를 팔랑팔랑 넘기는 것도 유쾌했다. 노벨상 수상자들을 소개하는 어마어마하게 멋들어진 하드커버 책을 발견하고는 나도 몰래 책 속으로 빨려 들어갔던 일이 지금도 기억에 생생하다.

마치 도서관이 나에게 건넨 듯, 우연히 펼쳐봤다가 충격을 받은 책이 한 권 더 있다. 에펠탑이 완성되기까지의 과정을 기록한 커다란 도판집이었다. 프랑스어로 쓰인 책이라 내용은 읽을 수 없었지만 에펠탑 공사 당시의 귀중한 사진이 많이 실려 있어서 한참이나 보았다. 가느다란 철골 부재를 정성껏 조립해가는 사진을 보는 동안 에펠탑이 완성되

도서관 중심의 드높은 중앙 홀. 마치 지식의 신전 같다.

어가는 모습이 손에 잡힐 듯 그려졌다.

그 멋진 책과 만났던 곳은 프랑스 현대건축을 대표하는 도미니크 페로Dominique Perrault가 설계한 프랑스 국립도서관Bibliothèque nationale de France이었다. 미테랑 대통령이 제창한 파리 개조계획 '그랑 프로제Grands Projets'의 일환으로 국립도서관의 설계공모전이 행해졌고, 신진 건축가 도미니크 페로가 당시 서른여섯의 젊은 나이로 공모전 우승을 차지했다. 5년간의 설계와 공사를 거쳐 완성된 프랑스 국립도서관은 도미니크 페로를 일약 스타 건축가로 올려놓았다.

당시 유행하던 과도한 장식의 포스트모던 건축을 비웃기라도 하듯 페로의 도서관은 장식을 일절 배제했고 금욕적으로 보일 만큼 단순했다. 파리 동부 센 강 남쪽의 광대한 직사각형 부지에 네 모서리를 꾹 눌러 만든 것 같은 L자 모양의 유리 타워 네 동을 세우는 것으로 프랑스 국립도서관은 완성됐다.

어떤 면에서는 상당히 무미건조한 외관이라고도 볼 수 있지만, 책을 펼쳐 세워둔 모습을 모티브로 한 외관에서 조형적인 위트가 느껴지기도 했다. 하지만 이 건축의 진수는 네 개의 유리 타워나 그 조형미가 아닌, 타워로 둘러싸인 중정에 있다. 중정은 도서관을 한 바퀴 빙 돌 수 있게 만든 산책로보다 훨씬 아래쪽에 만들어져 있었고 숲이라 불러도 될 만큼 푸르고 울창했다. 그러나 이 숲은 도서관 이용자는 물론 그 누구의 출입도 금지되어 있다. 페로는 도서관 중심에 야생의 자연을 집어넣고자 했던 것이다.

페로는 도서관 내부 어디에서건 중정의 울창한 나무를 볼 수 있게

프랑스 국립도서관. 펼쳐 세워둔 책 같은 모양을 하고 있다.

도서관 창 너머로 본 울창한 중정

만들었다. 인간의 지성이 만든 '책의 숲' 한가운데 신의 손이 만든 자연을 배치한다는 대조적인 구성에 이 건축의 힘이 있다. 책은 인류의 지성이 발전해온 증거이다. 페로는 방대한 책을 수납하며 그 사실을 축복하면서도, 한편으로는 부지 중심에 건물을 세우지 않는 텅 빈 공간을 마련함으로써 인간이 아닌 자연 그 자체가 절대적인 존재임을 주장하였다. 그리고 유리 너머로 중정을 볼 수 있을 뿐 들어갈 수 없게 하여 그 메시지를 한층 더 신비롭게 부각했다.

오랫동안 동경해왔던 도서관을 하나 더 소개해볼까 한다. 천사가 출몰하던 도서관, 바로 베를린 주립도서관Staatsbibliothek zu Berlin이다. 베를린 주립도서관은 독일 표현주의를 이끌었던 건축가 한스 샤룬Hans Bernhard Scharoun, 1893~1972의 유작이며, 도시 중심의 포츠담 광장 바로 뒤쪽에 세워진 거대한 황금색 도서관으로도 유명하다. 내가 근무하던 설계사무소에서 자전거로 5분 거리에 있었기 때문에 베를린으로 거처를 옮기자마자 곧바로 회원 등록부터 했다. 퇴근길에 가볍게 들러 고요히 책을 읽으며 보냈던 시간들. 당시 내 일상생활에서 가장 행복했던 시간 중 하나였다.

내가 처음 그 도서관에 매료되었던 건 빔 벤더스 감독의 영화 〈베를린 천사의 시〉 때문이었다. 브루노 간츠가 연기한 천사 다미엘이 베를린 주립도서관 안에서 날아다니는 환상적인 장면이 너무나도 인상적이었기 때문에 언젠가 꼭 가보리라고 생각했다.

베를린 주립도서관 바로 건너편에 한스 샤룬이 설계한 베를린 필하모니Berliner Philharmonie가 있다. 베를린 필하모니의 외관이 뿜어내는 박

©1987 REVERSE ANGLE LIBRARY GMBH and ARGOS FILMS S.A.

영화 〈베를린 천사의 시〉

력과 비교할 때 주립도서관 쪽이 다소 약해 보일 수도 있겠지만 그건 얕은 생각이다. 베를린 주립도서관의 풍요로운 내부 공간은 훌륭한 음악홀과 견주어도 우열을 가리기 어려울 정도다. 뭐랄까, 그 공간에 들어서면 진심으로 무언가를 탐구하고 싶다는 마음이 들었다. 온몸의 신경세포가 전부 깨어난 것처럼 기분이 들뜨다가 결국엔 차분해진다고나 할까.

책이 빽빽한 서가로 둘러싸인 공간에서 장소의 결이 섬세하게 느껴졌고, 정보량도 많고 공기의 밀도도 높기 때문에 자연스레 집중력이 높아졌다. 집에서 마음에 드는 책을 가져가 퇴근 후 잠시 들러 읽기도 했다. 그 지역 대학생들과 어깨를 나란히 한 채 말이다.

대학 시절부터 좋아했던 책, 그 내용에 깊이 공감하고 많은 영향

베를린 주립도서관 입구

천장이 높은 도서관의 내부 공간

을 받았던 에리히 프롬의 『자유로부터의 도피』를 도서관에서 읽고 있을 때의 일이었다. 옆에 있던 덥수룩한 머리의 독일 대학생이 내가 읽고 있던 일본어판 책의 표지를 가리키며 소곤소곤 말을 걸어왔다.

"그 사람, 독일 심리학자 에리히 프롬이죠?"

"네. 맞아요."

"오, 일본에서도 에리히 프롬이 읽히는군요. 대학에서 심리학을 전공하고 있는데, 프로이트 이후 심리학에서 가장 큰 공헌을 한 학자 중하나가 에리히 프롬이라고 생각하고 있어요. 혹시 심리학 전공이세요?"

"아니요, 일본에서 온 건축가입니다. 하지만 대학 때부터 이 책을좋아해서 계속 반복해 읽고 있어요."

"건축과 에리히 프롬이라, 재밌는 조합이네요. 독일어로 된 원서는읽어본 적 있나요?"

"없지만 궁금하기는 해요."

"자, 그럼 잠깐만 기다리세요."

그는 곧바로 심리학 코너로 가 원서를 꺼내왔다. 하드커버로 된 격조 높아 보이는 책이었다. 내 독일어 실력으로는 도저히 읽어낼 수 없었다. 하지만 표지 안쪽을 들쳐보니 일본어판에 없는 그의 프로필 사진이 실려 있었고, 그 사진에 담긴 에리히 프롬의 모습이 참 인상적이었다. 안경을 낀 얼굴이 다정해 보였다.

그때 그 대학생이 가져다 준 에리히 프롬의 원서를 손에 잡아본 것만으로도, 어쩐지 에리히 프롬에 대한 이해가 조금은 달라진 것 같은 기분이었다. 그때까지의 나는 머릿속으로만 프롬이 말하는 '자유'의 이미지를 그리고 있었는지도 몰랐다. 그러나 에리히 프롬의 사상을 받아들인 현지 학생의 살아있는 모습을 통해, 자유라는 것이 무엇을 가리키는 것인지 구체적인 감각으로 상상할 수 있게 된 것 같은 기분이 들었다.

내가 스톡홀름 시립도서관이나 프랑스 국립도서관, 베를린 주립도서관을 좋아하는 까닭은 이런 이유들 때문이다. 도서관이 지성을 촉발해내는 공간으로 기능할 때, 우리는 그 속에서 최고의 것들을 배울 수 있다. 책은 생각지도 못한 새로운 세계를 보여주고, 그 앞에 분명히 존재하고 있는 미지의 세계를 예감하게 해준다.

그러나 그 기적을 만나기 위해서는 꼭 하나 해결해야 할 조건이 있다. 어렵지 않고 간단한 일이다. 스스로가 능동적으로 움직여 자신만의 특별한 책 한 권에 손을 뻗어야 한다는 것이다. 그 책을 손에 쥔 자만이 새로운 세계로 향하는 문을 열 수 있다. 도서관에는 수많은 책이 있다. 당신과의 새로운 만남을 애타게 기다리며.

Architecture Note

스톡홀름 시립도서관
Stockholm Public Library

©Andreas Ribbefjord

스톡홀름 천문대 언덕 주위의 문화 행정 구역의 일부로 건립된 스톡홀름 도서관은 상자 안에 들어 있는 원통 형태이다. 이용자의 편의성과 기능성, 경제성을 고려하여 디테일은 최소한으로 줄인 인간중심설계를 보여준다. 원통형 도서관을 빙 둘러 360도로 서가에 책이 꽂혀 있는 모습이 장관이다.

위치 : 스웨덴 스톡홀름
준공 : 1928년
건축가 : 군나르 아스플룬드

프랑스 국립도서관
Bibliothèque nationale de France

©Guilhem Vellut

프랑스 국립도서관에는 세계의 모든 지식을 포괄하며 모든 사람이 최신의 기술을 배우고 거리낌 없이 지식에 접근할 수 있도록 하겠다는 포부가 담겨 있다. 프랑스 국립도서관으로 자신의 건축철학을 알린 도미니크 페로는 이후 세계적인 건축가 중 하나로 자리매김하였다. 책을 펼친 모습을 형상화한 'ㄱ'자 모양의 건물 네 동과 중정에 자리 잡은 인공 숲 그리고 숲을 둘러싼 지하 열람실로 구성되어 있다.

위치 : 프랑스 파리
준공 : 1996년
건축가 : 도미니크 페로

©Da flow

베를린 주립도서관
Staatsbibliothek zu Berlin

베를린 주립도서관은 1661년 프리드리히
빌헬름 국왕이 설립한 도서관을 모태로
하는 역사적 도서관이자 베를린을
문화도시로 만들려는 의지가 담긴 곳이다.
이 도서관은 전체적으로 선박 모양을 하고
있는데, 이는 '지식 정보의 기나긴 항해'를
상징하는 것이라고 한다.

위치 : 독일 베를린
준공 : 1978년
건축가 : 한스 샤룬

베를린 필하모니
Berliner Philharmonie

베를린의 티어가르텐 지역에 위치한 베를린 필하모니 관현악단의
전용 콘서트홀이다. 비대칭으로 솟아오른 지붕이 눈에 띄는
건축이다. 콘서트홀은 오각형 모양이며 중앙 홀 가운데에 무대가
있고 그 가장자리를 따라 객석이 배치되어 어느 자리에서든 무대가
잘 보이고 소리가 잘 전달된다.

위치 : 독일 베를린
준공 : 1963년
건축가 : 한스 샤룬

©KaiMartin

23

연극과 축구의
거부할 수 없는 매력

베를린은 연극의 도시다. 일본에 있을 때보다 베를린에 살면서 더 자주 연극을 보러 다녔다. 독일어 실력이 그다지 좋지 않았을 때부터 극장을 오가곤 했는데, 연극을 보러 가는 새로운 습관이 붙은 건 전적으로 폴크스뷔네Volksbühne 덕분이었다.

옛 동베를린 중심에 있는 폴크스뷔네는 '민중(폴크스)의 무대(뷔네)'라는 뜻으로, 1914년 노동자들이 기부하여 건립한 극장이다. 독일이 통일되면서 예술 감독에 취임한 프랑크 카스토르프Frank Castorf의 아방가르드 연극으로 알려진 극장이기도 하다. 프랑크 카스토르프가 각본과 연출을 맡고 폴크스뷔네에서 공연한 연극은 사회를 비딱하게 바라보는 예리한 시선에 개성 넘치는 배우들의 정밀한 연기가 더해져 인기를 누리고 있다. 하지만 내가 그 극장을 들락거리게 된 건 무대미술 때문이었다.

베르트 노이만Bert Neuman이라는 걸출한 무대미술가가 만든 연극무대에는 관객을 순식간에 끌어당기는 힘이 있었다. 명쾌하고 단호하다는 것이 그가 창조한 무대의 매력이었다. 무대를 본 순간, 무대라는 비일상적인 공간 속에 일상생활이 존재하는 듯 느껴질 정도였다. 연극이 시작되기 전 조명이 꺼져 있는 무뚝뚝한 무대를 보는 것만으로도 앞으로 어떤 이야기가 시작될지 가슴이 두근거렸다.

노이만의 무대는 '비일상적인 일상'의 세계를 보여주고 있었다. 역

외벽 수리 중인 폴크스뷔네. 극장 앞 잔디밭에서 볕을 쬐는 베를리너들이 보인다.

설적인 말이지만, 노이만의 무대는 철저하게 무대미술임을 전제로 만들어진 세계이기에 그런 그의 세계관이 더욱 강조될 수 있었다. 현실의 세계를 완벽히 복원해낸다고 한들, 극장 속의 무대라는 전제가 존재하는 이상 그곳은 이미 현실 세계가 아닌 가짜일 수밖에 없다. 그 아무리 꾸미고 그 아무리 정밀한 세부를 만들어낸다고 해도 말이다. 노이만은 단호하고 경쾌하게 비현실적인 무대를 만들어냈고, 그렇기 때문에 오히려 설득력이 있었다. 놀라운 점은 무대장치의 다양함이다.

무대에 반짝반짝 다채로운 색의 네온등이 설치되어 있기도 했고, 가설용 파이프로 만든 이상하게 생긴 탑이나 오두막 같은 것들이 세워져 있기도 했다. 무대 전체가 천천히 회전하거나 공간 세트가 상하로 움직이기도 했다. 심지어는 무대에 바람이 휘몰아치거나 비가 내리기도 했다. 어떤 공연에서는 무대와 관람석이 뒤바뀌어 있기도 했다. 허를 찌르는 반전이 어찌나 훌륭했던지, 매번 완전히 새로운 연극을 체험할 수 있었다. 어느 샌가 나는 노이만의 무대예술을 보러 폴크스뷔네를 오가는 사람이 되어 있었다.

현실 세계와 완전히 다른 허구 세계를 감상하는 동안, 연극의 의의에 대해 나름대로 생각해보게 되었다. 현실과 닮은 세계를 보여줌으로써 현실 세계를 비판하는 것, 그것이 연극이 지닌 가장 중요한 역할이 아닐까. 특히 카스토르프 같은 연출가는 관객의 무의식을 환히 드러내는 도발적인 연출을 좋아하는 사람이다. 그는 자신만의 연출을 통해 현실을 비꼬고, 사회의 감춰진 문제점을 거울처럼 오롯이 드러낸다. 이렇듯 일그러진 사회상을 관객에게 직접 보여주는 것이 연극이 지닌 하나의 큰 힘이자 역할이다.

관객은 작품에 몰입하면서 자신이 극장 안에 있다는 사실을 잊고 무대 위 이야기에 자연스레 자신을 투영한다. 뚫어질 듯 집중해 무대를 보는 동안 관객의 뇌 속에서는 거울 뉴런mirror neuron이 작동하고, 연기자와 자신을 동일시한다. 그런 가운데 무대와 관객석 간의 경계선이 어느 순간 사라지는 경험을 한다. 무대 위에서 펼쳐지는 허구 세계를 현실의 것으로 받아들이고 마는 것이다.

좋은 배우는 관객과 자신을 일체화하는 데 능숙하다. 그런 식으로 배우에게서 전달받은 무언가는 내일부터 다시 반복될 내 일상에 대해 생각해볼 계기를 만들어주고, 조금이나마 넓은 시야로 사물을 볼 수 있게 해준다. 연극 관람을 마친 후 맥주를 마시며 방금 봤던 작품에 대해 활발한 토론을 펼치는 독일인들만 봐도 연극에 대한 독일인의 높은 비평 의식을 엿볼 수 있다.

이런 생각을 하다가 불현듯, 강한 연극성을 지녔던 도시의 한 순간이 떠올랐다. 2006년 독일 월드컵 때의 일이었다. 거리는 온통 축구로 들썩이고 있었다. 베를린 TV 송신탑은 핑크색 축구공 모양으로 장식됐고, 거리 여기저기 스크린이 놓였으며, 소시지와 프레첼을 파는 포장마차는 물론, 가설 대관람차까지 등장했다. 다들 잠시 손에서 일을 놓고 축구의 열기에 몸을 내맡겼다. 그중 최고는 브란덴부르크 문 근처에 설치된 가설 무대와 대형 모니터 스크린이었다. 누구든 모여 모든 시합을 자유롭게 관전할 수 있는 공간이 만들어진 것이다. 자국 축구 유니폼을 입은 수많은 관광객과 베를리너 들이 대형 모니터 스크린 앞으로 모여들었다. 야외에서 수많은 사람과 어울려 세계 최고 수준의 축구 경기를 즐기는 건 정말이지 끝내주는 일이었다.

아르헨티나와 독일의 경기가 있던 날, 브란덴부르크 문으로 축구를 보러 갔다. 설계사무소 동료들과 함께였다. 내심으로는 아르헨티나의 에이스 후안 로만 리켈메Juan Roman Riquelme 선수를 좋아했지만, 주변 분위기도 있고 해서 홈팀 독일을 응원했다. 아르헨티나에 뒤처지던 독일은 독일 월드컵 득점왕에 빛나는 클로제Miroslav Klose 선수의 골로 아르헨티나를 따라잡았고, 승부차기 끝에 극적으로 승리했다. 선수들의 움직임 하나하나에 흥분했던 열광적인 경기였다.

평상시엔 자동차로 가득한 도로에 몇 만 명이나 되는 사람이 모여 축구에 열광하는 모습은 꽤나 낯설었다. 경기장 관람석에 앉아 선수들

01
02
03

01
월드컵이 한창이던 2006년 6월 17일의
풍경. 다양한 포장마차에 대관람차까지
등장했다.

02
핑크색 축구공으로 변신한 베를린 TV
송신탑

03
베를린 중앙역 앞에 설치된 거대한
축구화 오브제

의 경기를 직접 보는 것과는 또 달랐다. TV 대신 대형 모니터로 축구를 보고 있으니 거리 전체가 마치 우리 집 거실이라도 된 것 같은 기분이었다. 그야말로 축제였다. 동서를 분단하던 베를린 장벽이 있던 그곳, 평소에는 거리였던 그곳은 거대한 광장으로 변했고, 얼굴에 자기 나라 국기를 그려 넣은 수만의 인파가 열띤 응원전을 펼쳤다.

미국 대사관 같은 주변 건물들은 축구경기를 중계하는 대형 모니터의 배경처럼 보였다. 실제로는 돌로 만들어진 무거운 느낌의 건물인데도 웬일인지 조악한 무대 세트처럼 보이기까지 했다. 비일상적인 감각이 일깨워진 듯 묘한 느낌이었다.

월드컵 기간 동안 베를린의 풍경들이 완전히 달라졌다. 기념품 사진엽서에 실릴 법한 독일의 대표적인 풍경들이었는데도 말이다. 도시와 인간의 연결 방식도 완전히 변해 있었다. 그야말로 도시 자체가 하나의 연극 무대처럼 느껴졌다.

경찰의 협조 하에 도로가 봉쇄되고, 일상적인 이동 공간이 별안간 광장으로 변모하면서 도시는 하나의 극적인 무대가 되었다. 물론 베를린이라는 도시가 지닌 유연성 때문이기도 하지만 이런 성대한 이벤트가 벌어질 수 있었던 건 축구라는 스포츠에 매료된 수많은 사람이 존재했기 때문이다.

그때 중요한 사실을 느꼈다. 축구란 단순히 스포츠에만 머무르는 것이 아니라 하나의 문화라는 사실을. 소설가 시바 료타로司馬遼太郎, 1923~1996는 말했다. 문명이란 '누구든 참가할 수 있는 합리적이며 보편적인 것'이며, 문화란 '특정 집단에만 통용되는 불합리적이고 보편적이지 않은 것'이라고 말이다. 이 정의에 따르면, 축구란 특수한 집단에만 통용되는, 합리적이지 못한 근거에 의해 성립된 하나의 문화다. 직경 23센티미터의 작고 둥근 공을 골대 안으로 차 넣는 단순한 게임인데도 이렇게나 많은 사람이 축구에 매혹되는 까닭은 왜일까?

축구의 매력은 경기하는 동안의 이상하리만치 농밀한 시간의 밀도와 양 팀 간의 정면승부 속에 쉽게 결과를 예측하기 어렵다는 점이다. 너무나 당연한 말이지만, 전후반 총 90분 동안 우리는 도무지 경기에서 눈을 뗄 수가 없다. 탁월한 신체감각을 지닌 선수들의 화려한 플레이가 관중을 사로잡기 때문이다. 그러나 90분 중 각 선수의 발에 실제로 공이 닿는 시간은 무척이나 짧다. 골키퍼를 제외하면 90분 중 대부분은 공을 '차기 위해' 달리는 시간이다. 이른바 준비의 시간. 한 팀으로 똘똘 뭉쳐 공을 넣겠다는 목적을 향해 달리고 있는 것이다.

선수들은 각자의 기본적인 역할을 지키며 조직적으로 움직인다. 넓은 경기장을 종횡무진 뛰어다니는 헌신적인 뜀박질 없이는 아무런 결실도 맺지 못한다. 바로 다음 순간을 예측하며 득점을 위해 끊임없이 움직이는 선수들을 보는 건 언제라도 즐겁다. 선수들의 머리 위를 비추는 스타디움의 조명, 빛나는 녹색 잔디 위 아름답게 드리운 십자가 모양의 그림자와 함께 선수들은 달린다. 동료에 대한 신뢰, 상호보조적인 관계에서 탄생하는 멋진 골. 그런 골로 승리가 결정된 순간에는 무조건 감동하고 만다.

승부를 가르기 위해 펼치는 축구의 극적인 드라마도 대단하지만, 팀 전체의 호흡이 맞을 때 펼쳐지는 상상을 초월하는 선수들의 움직임은 마치 피겨스케이팅 선수의 움직임처럼 아름답다. 거기여야만 하는 장소, 지금이어야만 하는 타이밍에 펼쳐지는 선수들의 화려한 플레이를 보고 있으면 손에 땀이 배고 나도 모르는 새 숨이 헉 하고 멈춘다. 경기가 끝나면 보고만 있었는데도 나에게까지 기분 좋은 피로감이 몰려온다. 연극과 마찬가지로, 최고의 선수들은 순식간에 팬들을 자신의 플레이로 끌어들인다. 축구의 본질적인 재미는 이렇게 승부와는 직접 관계가 없는 부분에 존재하기도 한다.

언뜻 전혀 관계없어 보이는 연극과 축구지만, 그런 시각으로 보면 그 둘 사이에도 공통점이 있다. 둘 다 하나의 문화라는 점, 똑같은 것을 반복할 수 없는 일회성을 지니고 있다는 점이 보는 이들의 가슴을 뛰게 하고 흥분하게 만든다. 그리고 이러한 즐거움은 많은 사람과 공유하면 할수록 커진다.

폴크스뷔네와 독일 월드컵의 즐거움을 이끌어내는 데 가장 큰 역할을 한 건 노이만의 무대미술과 베를린이라는 도시의 유연성이었다. 더 나아가 그것들은 하나의 토양이 되어줄 것이다. 연극과 축구 팬을 늘리고, 그것을 하나의 문화로 키워 한층 더 발전시켜갈 그런 토양 말이다. 내가 베를린을 연극의 도시라 한 것은 이런 이유 때문이다.

Architecture Note

폴크스뷔네
Volksbühne

일반 서민들이 관람할 수 있는 저렴한 가격으로 사회 현실주의
연극을 상연하기 위해 회원제 극장으로 설립되었다. 극장의 주요
회원이었던 노동자들이 낸 소액의 회비를 모아 2,000명을 수용하는
극장을 지었고 극장의 설립 취지인 '민중에게 예술을(Die Kunst dem
Volke)'이라는 문구가 건물에 새겨졌다. 현재 독일 최고의 극장으로
베를린 예술문화의 중심 역할을 하고 있다. 내부 인테리어와 건물
지붕 등이 매우 단순한 것이 특징이다.

위치 : 독일 베를린
준공 : 1914년(신축), 1954년(재건)
건축가 : 신축—오스카 카우프만(Oskar Kaufmann)
　　　　　재건—한스 리히터(Hans Richter)

©Alex1011

©Dietmar Rabich

브란덴부르크 문
Brandenburger Tor

독일 분단 시절 동서 베를린의 경계에 서
있던 초기 고전주의 양식의 개선문으로,
통일 후 독일의 상징이 되었다. 베를린의
중심가 파리저 광장에 위치하고 있다.
높이 26m, 가로 65.5m로 그리스
아테네의 아크로폴리스로 들어가는 정문인
프로필라에(Propylaea)를 본떠 설계한
것이다.

위치 : 독일 베를린
준공 : 1791년
건축가 : 랑그한스(Carl Gotthard Langhans)

24

미스 반 데어 로에의
빛나는 주택

스탄 게츠Stan Getz, 1927~1991의 〈피플 타임People
Time〉 앨범을 들으며 아버지와 함께 체코의 도시 브르노Brno로 향했다. 스
탄 게츠가 연주하는 색소폰 음색이 아우토반Autobahn을 타고 가는 풍경과
잘 어울렸다. 독일 출신의 거장 미스 반 데어 로에Mies van der Rohe, 1886~1969
의 건축, 투겐타트 별장Villa Tugendhat을 보는 것이 여행의 목적이었다.

일본 기업의 해외영업부에서 일을 하시는 아버지는 내가 베를린
에 직장을 얻기 3개월 전에 독일로 발령을 받아 함부르크Hamburg 생활
을 홀로 시작하셨다. 아우토반에서 속력을 내면 함부르크와 베를린은 2
시간 반 정도면 갈 수 있는 거리다. 둘 다 운전을 좋아해 주말이면 중간
에서 만나 자주 건축 여행을 다녔다. (독일 생활 만년 후, 아버지가 다시 미국
으로 전근을 가셔서 그 소중한 시간도 얼마 가지 않아 끝났다.)

미스 반 데어 로에는 모더니즘 건축의 가능성을 광범위하게 추구
했던 건축가 중 하나다. 그는 모더니즘을 선구하던 바우하우스Bauhaus의
교장까지 맡았던 사람이지만 나치에 의해 학교가 폐쇄되자 미국으로 망
명했다. 1933년 그의 나이 마흔 일곱 때의 일이었다. 미국 망명은 미스
반 데어 로에 자신과 건축계 모두에게 엄청난 사건이었다. 그러나 'Less
is more'라는 그의 철학은 그 후로도 변함없었다. 그는 철저히 미니멀리
즘을 추구했고, 이를 통해 확보한 여백을 활용해 보다 자유롭고 여유로
운 건축을 만들고자 했다. 만년의 그는 미국에서 레이크 쇼어 드라이브

아파트860-880 Lake Shore Drive Apartments, Chicago, 시그램 빌딩Seagram Building 등의 고층 빌딩을 설계했고, 그 외에도 수많은 명작을 세상에 남겼다.

그러나 그의 진정한 최고작은 미국으로 건너가기 전 유럽에서 만든 건축들이다. 바르셀로나 만국박람회 때 독일관으로 지어진 바르셀로나 파빌리온과 이듬해인 1930년에 완성한 투겐타트 별장이 바로 그렇다. 두 건축은 근대건축의 최고봉이자 건축이 도달할 수 있는 하나의 도착점이었다고 할 수 있다.

그는 어떤 식으로 그 빛나는 모더니즘 명작을 디자인하였을까? 미스 반 데어 로에는 건축을 구성하고 있는 부분을 극한까지 분해했다. 단순히 말해 건축이란 바닥과 벽, 천장으로 둘러싸인 사람이 들어갈 수 있는 공간이다. 그러나 미스 반 데어 로에는 각 부분을 명확하게 분해해 각각을 독립시키는 것으로 새롭고 강한 건축, 그야말로 열린 공간의 탄생을 염원했다.

예를 들어 천장을 구조적으로 받치는 것을 벽이라고 생각한다면 벽을 설치할 수 있는 위치는 한정될 수밖에 없다. 그러나 미스 반 데어 로에는 벽을 바닥에서 수직으로 세운 단순한 수직면이라 인식했고, 지붕을 받치는 것은 어디까지나 기둥의 역할이라고 세부적으로 나누어 생각했다. 벽에 기둥 역할을 포함하지 않고 그 둘을 완전히 분리하면 벽은 순수한 장식 역할을 맡을 수 있다. 결과적으로 벽은 평면을 구획하는 장식적 파티션이 된다. 투겐타트 별장의 자유로운 공간 조형과 배치는 이렇듯 벽이나 기둥을 각각의 기능에 따라 특화했기 때문에 가능했다.

한편 미스 반 데어 로에는 벽과 분리된 기둥에 크롬으로 도금한 번쩍이는 스테인리스를 둘러 주변 풍경이 비치게 했다. 벽에서 분리된 기둥의 존재감을 가능한 한 없애고자 했기 때문이다. 창에 관해서도 그는 남달랐다. 그저 벽에 뚫린 구멍이라는 기존의 사고방식에서 벗어나 바깥을 볼 수 있는 '빛의 원천'으로 창을 규정하였다. 그리고 외부의 공기를 유입하는 역할도 고려하면서 대담한 창호 디자인을 실현했다. 이런 과정을 통해 투명하고 모던한 투겐타트 별장이 탄생하였다.

언덕 위에 세워진 투겐타트 별장의 현관 포치porch에 서서 정면을 바라보면, 저 멀리 브르노의 경치가 마치 카메라 파인더로 보는 것처럼 프레임 안에 들어온다. 벽과 천장이 사진틀처럼 만들어져 있기 때문이다. 그 풍경을 보며 시각적인 부분에 대한 그의 섬세한 배려에 깊이 감탄하였다. 또한 투겐타트 별장을 돌아보면서 미스 반 데어 로에가 원근법을 구사해 공간을 구성하는 건축가라는 사실도 깨달았다.

경사지에 지어져 있는 투센타트 별장은 현관에 들어서자마자 곧바로 계단으로 내려가는 구조로 되어 있다. 겨우 현관에 들어갔을 뿐이지만 순식간에 미스 반 데어 로에의 공간에 마음을 빼앗겨버렸다. 현관 중심에 스테인리스 십자 모양 기둥(미스 반 데어 로에 건축의 대명사라 일컬어지는 디자인)을 배치한 공간이 펼쳐져 있었기 때문이다. 그 순간 전혀 다른 차원의 세계에 도달한 것 같은 추상적인 분위기에 휩싸였다. 그런 공간 효과가 가능했던 건 바로 '창' 때문이었다. 투명한 창이 아닌 우윳빛 불투명 유리를 사용했기 때문에 흰빛을 머금은 부드러운 햇살이 실내로 스며들었고, 그것이 대리석 바닥과 절묘한 조화를 이루었다. 유리가 부드러운 곡선을 그리며 연결되어 있었던 것도 공간과 인간의 일체

01
02
03

01
투겐타트 별장 출입구에 서면 저 멀리 브르노 시가지가 보인다. 마치 카메라 파인더를 통해 바라보는 느낌이다.

02
숨이 멈출 듯 아름다운 현관

03
왼쪽이 대리석 벽. 사진에서는 잘 안 보이지만 그 앞에 십자 모양의 기둥이 배치되어 있다. 오른쪽에 보이는 둥근 벽이 마호가니 재질로 만든 벽이다. 잘 보면 바닥에서 분리되어 약간 떠 있는 모습을 볼 수 있다.

감을 만들어내는 데 큰 역할을 하고 있었다.

계단은 시계 반대 방향으로 굽어 있었고, 손님을 천천히 안내하는 듯 다정한 느낌이었다. 공간과 공간의 극적인 이음매였다고나 할까. 투겐타트 별장의 현관만큼 아름다운 현관을 본 적이 없다.

계단을 내려가니 식당 겸 거실인 커다란 원룸이 펼쳐져 있었다. 식탁 옆으로는 나뭇결이 아름다운 마호가니 벽이 그 존재감을 내뿜고 있었다. 현관과 마찬가지로 둥근 곡선이 인상적인 벽이었다. 그 옆으로 베이지 색 대리석 벽이 화려하고도 부드럽게 공간을 나누고 있었고, 각각의 공간에는 의자(이동 가능한 가구)만 배치되어 있었다. 건축의 각 부분을 두드러지게 디자인하면서 거주자가 공간을 자유롭게 쓸 수 있도록 여백을 충분히 남겨둔 뺄셈의 디자인이었다. 공간 사이의 이음매 없이 우아하게 흘러가던 그 공간 체험을 무언가에 비유하자면, 드넓은 링크에서 스케이트를 타는 것과 같다고 할 수 있겠다.

투겐타트 별장의 식당 겸 거실에는 공간의 단절이 전혀 없었다. 전체가 부드럽게 연결되어 있는 느낌이 정말 좋았다. 벽을 최소화하고 나머지는 커튼으로 부드럽게 공간을 구분하고 있었기 때문에 직접 보이지는 않아도 소리와 냄새가 자연스레 전해진다. 적당한 거리를 두고 타인의 기척을 느낄 수 있는 그런 공간이다. 자립심이 강한 유럽인다운 가치관이 엿보이는 디자인이라 할 수 있다.

또한 남쪽 벽면에 한가득 설치된 유리 개구부는 경사진 정원을 바라보는 최고의 전망을 확보해주고 있었다. 원래 창에는 창틀이 있기 마련이지만 투겐타트 별장에는 창틀이 전혀 없었고 바닥에서 천장까지 모든 공간이 유리로만 되어 있었다. 미스 반 데어 로에는 창을 유리로 된 벽, 즉 단편화된 건축의 한 부분으로 생각했고 이를 통해 외부를 내부로 끌어들이는 데 성공했다. 미스 반 데어 로에는 유리창에 전동 방식을 도입해 유리창 전체를 밑으로 내릴 수 있게 했다. 유리창을 내리면 실내는 마치 발코니처럼 상쾌한 바람이 불어오는 공간이 된다. 게다가 겨울에도 식물을 키울 수 있도록 공간 한쪽에 유리로 된 '윈터 가든'까지 만들어뒀다는 점도 놀라웠다. 자연을 인간이 제어할 수 있는 것으로 바라보는 시각이 어딘가 서구인다운 모습처럼 느껴졌다.

투겐타트 별장의 식당 겸 거실에서는 건축의 분해된 부분들, 즉 천장과 바닥, 그 사이의 유리로 구성된 프레임을 통해 저 멀리 브르노 시가지까지 시야에 들어온다. 게다가 공간이 넓고 천장도 높기 때문에 여유 있는 여백의 공간이 여기저기 만들어져 있었다. 그 공간 안에는 필연성 있는 것들만 있었는데, 가구는 전부 미스 반 데어 로에가 설계한 것들이었다. 그 가구들은 꼭 있어야 할 '바로 그 자리'에 자리 잡고 있었다. 독일의 조각가 빌헬름 렘브루크^{Wilhelm Lehmbruck, 1881~1919}의 조각 작품에서 그랜드피아노까지, 그 모든 것이 자신이 있어야 할 자리에 놓여 있었다. 미스 반 데어 로에의 공간이 만들어내는 분위기를 장대한 협주곡이라 한다면 의자, 가구, 장식품 들은 협주곡을 연주해내는 주요 연주자들이라 할 수 있다.

이렇듯 미스 반 데어 로에는 사물 간의 관계성과 여백의 존재를 통해 '지나치지 않은 표현'을 하고자 했다. 그것이야말로 모더니즘이 인터내셔널 스타일이라 일컬어지는 이유이기도 하다. 미스 반 데어 로에

04
대리석 벽 앞에 놓인 의자들. 전부 미스 반 데어
로에가 디자인한 의자다. 안쪽으로 보이는
공간이 윈터 가든이다.

05
정원이 바라다보이는 유리창. 전기장치를 통해
유리창 전체를 바닥 밑으로 넣을 수 있다.

06
정원에서 올려다본 투겐타트 별장 외관

04
05
06

는 그 시대의 보편적인 행복의 형태를 주택에서 발견하고자 했고, 그런 과정을 통해 투겐타트 별장에 도달했다. 그랬기에 투겐타트 별장의 훌륭함은 전 세계로 전파될 수 있었던 것이다. 보다 '작은 것'으로 보다 '풍요로운' 공간을 만들어낼 수 있다는 'Less is more' 사상은 다시 말해, 완성 후 그 집에 살 사람이 자신만의 이야기를 써내려갈 여지를 남겨둔다는 것과 같은 말이다.

한편 그는 자신이 만들어낸 공간이 지루하고 밋밋한 무기질 느낌을 주지 않도록 세세한 것까지 두루 신경 썼다. 콘센트, 전기 스위치 등 작은 부분에까지 집착했다. 이렇게나 건축가의 애정이 가득 담긴 주택은 그리 흔치 않다. 그랬기에 세계문화유산으로 지정될 수 있었던 것이리라. 그 당시의 시대정신을 집약한 명작주택으로 말이다. 세계유산에 등재된 후 투겐타트 별장을 찾는 관광객은 더 많아지고 있다.

아버지와 나는 투겐타트 별장에서 누군가를 만났다. 바깥에서 투겐타트의 외관을 둘러보고 있을 때였다. 저쪽에서 옥신각신하는 소리가 들렸다. 투겐타트 별장의 관리인과 일본인 남자였다. 아마도 남자는 투겐타트 별장이 예약제로 운영되고 있다는 것을 모른 채 갑작스레 찾아온 모양이었다. 체코인 관리인은 "예약 없이는 들어갈 수 없습니다. 내일 다시 오세요"라는 말만 계속하고 있었다. 말도 잘 안 통했던 모양인지 일본인 남자는 곤란해하고 있었다.

그 모습을 보고 순간적으로 이런 말이 튀어나왔다.

"2시에 예약한 고시마입니다. 두 명으로 예약했지만 저 친구도 우리 일행입니다. 예약을 세 명으로 변경할 수 있을까요?"

그러자 관리인은 마지못해 그러라고 했다. 일본인 남자는 기뻐하며 자기소개를 했다.

"고맙습니다. 혼자 배낭여행 중인 나미키라고 합니다. 일본에서 건축을 공부하는 학생이에요."

우리 셋은 2시 그룹 견학자들과 함께 투겐타트 별장을 둘러봤다. 견학이 끝나자 아버지는 차로 15분 정도 걸리는 브르노 역까지 나미키를 데려다줬다. 차가 브르노 역에 도착하자 아버지는 나미키에게 명함을 건넸다. "뭔가 곤란한 일이 생기면 언제든지 전화하게." 나미키는 몇 번이나 감사 인사를 하며 브르노 역 안으로 들어갔다.

그 후 6년이 지난 2010년, 베를린에서 일본으로 돌아와 건축사무소를 연 내게 한 통의 이메일이 도착했다. 투겐타트 별장에서 만났던 청년 나미키가 보낸 메일이었다. '대학을 졸업한 후 설계사무소에서 일하고 있으며, 새로운 환경에서 일하고 싶은 생각이 있으니 인턴으로 채용해줄 수 없겠느냐'는 내용이었다. 우연히 내 이야기가 실린 잡지를 보게 됐고, 아버지에게 받은 명함의 '고시마'라는 이름을 보고 연락을 해온 것 같았다.

이런 인연도 있구나 싶어 '면접을 볼 테니 포트폴리오를 가져 오라'고 답신을 보냈다. 당시는 우치다 타츠루 선생의 자택 설계로 바빠질 즈음이라 직원을 늘리기 좋은 타이밍이기도 했다. 그리고 지금도 여전히 나미키는 우리 건축사무소에서 제 몫을 톡톡히 해주고 있다. 나미키와 나는 미스 반 데어 로에의 빛나는 주택을 통해 이어진 소중한 인연이다. 그 인연을 만들어준 투겐타트 별장에 깊이 감사하고 있다.

25

알바 알토의
이상한 나라, 핀란드

Finland

쿠오피오 ★

무라트살로 ★   이마트라 ★

★ 노르마르쿠
★ 헬싱키

핀란드는 인구 500만의 작은 나라지만 매우 다양한 얼굴을 지니고 있다. 끝없이 이어지는 자작나무 숲과 수많은 호수 등 풍요로운 자연 환경이 있으며, 북극권에서는 오로라도 볼 수 있다.

전 세계적으로 인기 있는 동화 캐릭터 '무밍Moomins', 독특한 세계관을 자랑하는 컬트 영화감독 아키 카우리스마키Aki Kaurismaki가 태어난 나라이며, 디자인에 강세를 보이는 휴대전화 제조회사 노키아Nokia, 팝아트적인 꽃무늬 텍스타일 디자인으로 유명한 라이프스타일 브랜드 마리메코Marimekko가 있는 나라이기도 하다. 그리고 무엇보다 북유럽의 모더니즘 건축을 개척한 알바 알토Alvar Aalto, 1898~1976의 나라이다.

알바 알토는 핀란드의 국민적 영웅이다. 그의 얼굴이 우표나 지폐에 새겨져 있을 정도고, 건축가로서 질과 양적인 모든 면에서 유일무이한 성과를 이룩해낸 걸출한 인물이기도 하다. 주택은 물론 결핵 치료를 위한 요양소부터 관공서, 대학 건물, 도서관, 미술관, 교회에 이르기까지 평생에 걸친 그의 건축 작업은 다양한 갈래로 뻗어 있다. 알바 알토는 이런 다양한 건축적 원형을 빼어난 수준으로 설계해낸 건축가였으며 핀란드의 국경을 넘어 북유럽에서 가장 영향력 있는 건축가 중 한 사람이기도 했다.

거장 르코르뷔지에가 그랬듯 알바 알토 역시 건축의 영역에만 머무르지 않았다. 가구 디자인부터 조명이나 꽃병 같은 제품 디자인은 물

알바 알토의 별장이기도 한 코에타로는
건축가로서의 실험주택이기도 하다.

론, 그림까지 그렸다고 하니 괴물 같은 존재라 할 수 있다. 알바 알토는 예술적 표현에 엄청난 정열을 불태운 사람이었다.

대학 4학년 여름방학 때 핀란드를 찾았다. 알바 알토의 건축 순례를 위해서였다. 수도 헬싱키Helsinki에 있는 공과대학과 자택, 아틀리에를 돌아보는 것부터 건축 순례를 시작했다. 핀란드는 6월부터 백야가 시작되고 밤중에도 하늘이 훤한 시기가 계속된다. 내가 찾은 8월에도 꽤 늦은 시간까지 해가 밝았다. 해가 있는 동안은 날카로운 햇빛이 대지에 긴 그림자를 드리우고 있었다.

이위베스퀼레Jyväskylä에 있는 그의 첫 건축 세이나찰로의 타운 홀 Saynatsalo Town Hall 등 핀란드에 머무르는 3주 동안 그의 건축을 최대한 많이 둘러봤다. 작은 섬 안에 세워진 코에타로Summer House는 외벽을 장식한 벽돌 파사드가 인상적인 주택으로, 알바 알토의 별장 겸 실험주택으로도 유명한 건축이었던지라 일부러 보드까지 타고 갔다 왔다.

알바 알토의 주요 건축을 보는 동안 특히 인상에 남았던 건축 두 채가 있었다. 빌라 마이레아Villa Mairea라는 명작주택과 이마트라Imatra에 있는 부오크세니스카 교회Vuoksenniska Church였다. 빌라 마이레아는 목재를 능숙하게 다룬 주택으로 따뜻하고 인간미 넘치는 주거 공간을 실현한 건축이었고, 부오크세니스카 교회는 마치 빛이 형태를 부여받은 양 조각처럼 아름다운 건축이었다.

빌라 마이레아는 현관 손잡이부터가 독특했다. 찾아온 손님을 따뜻하게 집 안으로 맞아주는 느낌이었다. 현관 홀에 늘어서 있는 가느다란 기둥들은 섬세하고 아름다웠으며 공간을 유동적으로 이어주는 역

빌라 마이레아의 아름다운 계단. 마치 담쟁이덩굴이 뻗어나가고
있는 듯 식물적인 디자인이다.

할을 하고 있었다. 숲 속에 들어와 있는 것 같은 감각을 일깨우는 즐거
운 주택이었다. 거실 한쪽에 나무 계단이 자리 잡고 있었는데, 자연스
레 올라가보고 싶어지는 아름다운 계단이었다. 백색의 모던한 벽과 계
단의 나무 질감이 절묘한 조화를 이루고 있었다. 정원에 있던 아름다운
곡선 풀pool은 마치 호수를 연상시켰고, 이 주택이 완결된 하나의 세계
로서 존재할 수 있도록 만들었다. 직선과 곡선이 조화롭게 공존하고 있
는 빌라 마이레아의 조형만 봐도 알바 알토가 흔치 않은 미의식의 소유
자라는 것을 누구든 알 수 있을 것이다.

부오크세니스카 교회 내부는 세 개의 단으로 나뉜다. 그 사이에 커
다란 가동식 벽을 설치한 알바 알토는 대규모 예배에도 소규모 예배에
도 대응할 수 있는 공간을 만들어냈다. 게다가 거대한 백색 공간에 머
무르지 않고 부드러운 곡선 벽에 다양한 창을 설치해 햇빛이 건축 내부

부오크세니스카 교회.
외관에서도 곡선 벽이 내부 공간을
셋으로 나누고 있음이 드러난다.

에 다양한 표정을 만들어내도록 했다. 이를 통해 동적이며 생동감 넘치고 깊이 있는 공간이 탄생할 수 있었다.

알바 알토의 건축은 르코르뷔지에와 미스 반 데어 로에가 유럽을 중심으로 만들어냈던 모더니즘 건축에서 약간 변형된 것이라 할 수 있다. 알바 알토는 '지역성'의 회복을 통해 종래의 모더니즘 건축에 약간의 변화를 덧입혔다. 알바 알토는 부지에 최대한의 경의를 표했고, 그것을 토대로 건축을 계획했다.

당시의 모더니즘은 인터내셔널 스타일을 지향했다. 국경을 넘어 전 세계로 모더니즘 건축이 퍼져나갈 수 있도록 '그 지역만의 고유한 문맥'을 배제해왔다. 그러나 알바 알토는 지역성을 설계의 중요한 요소로 생각했고, 장소의 힘을 살리는 것을 최우선 순위에 두고 설계 작업을 진행했다. 이를 통해 알바 알토는 지역에 어울리고 그 장소만의 특징을 지닌 모더니즘 건축을 만들어냈다.

역사학자 케네스 프램튼Kenneth Frampton은 알바 알토가 핀란드에서 개척한 새로운 건축과 시드니 오페라 하우스를 설계한 덴마크 건축가 요른 웃손Jørn Utzon, 1918~2008의 건축을 하나로 묶어 '비판적 지역주의'라 명명했다. 비판적 지역주의란 모더니즘이 지워버린 지역성을 회복할 수 있다는 개념이었다. 알바 알토와 요른 웃손뿐 아니라 포르투갈의 건축가 알바로 시자도 비판적 지역주의 개념에 충실한 건축을 만들어내는 인물이었다. 이런 것을 보면, 지리적으로 변방에 있는 나라에 속한 사람일수록 새로운 것을 개척해낼 잠재력이 높은 것은 아닌가 싶다.

알바 알토의 모더니즘 건축을 변형하고 전개한 후계자 중 유하

여러 겹의 벽이 강한 존재감을 내뿜고 있는 만니스토 교회 외관

만니스토 교회 내부.
투명하면서도 음악적인 순백의 공간이 펼쳐져 있다.

레이비스카Juha Leiviskä라는 건축가가 있다. 그가 설계한 만니스토 교회 Männistö Church에 한 발 디딘 순간 느꼈던 감동을 아직도 잊을 수가 없다.

약간 비켜선 채로 죽 늘어서 있던 수많은 벽. 그 틈 사이 설치된 수많은 채광창을 통해 몇 겹이나 중첩된 자연광이 예배당으로 스며들고 있었다. 마치 시간이 멈춘 것 같은 정적의 공간이었다. 자연광을 반사하고 있던 흰 벽은 핀란드의 혹독한 겨울로부터 건물 내부를 보호하고, 부족한 자연광을 조금이라도 더 내부로 끌어들이기 위한 아이디어였다. 채광창으로 들어온 빛은 태양의 위치나 그날의 날씨 등 끊임없이 변화하는 외부 요인에 의해 다양한 표정을 연출해냈다.

이런 '일기일회—期—會, 평생에 단 한 번뿐인 일'의 관계가 이 공간의 매력임을 깨닫던 순간, 파이프오르간이 울리며 예배가 시작됐다. 뒷자리에 가만히 앉아 파이프오르간 소리에 귀를 기울이던 나는 유하 레이비스카가 만든 이 빛의 공간이 하나의 음악임을 깨달았다. 높은 천장에 길게 매달려 마치 공중에 떠 있는 듯 보이던 조명, 채광창을 통해 들어오던 햇빛, 그리고 그 빛을 받아 어렴풋이 색이 바뀌던 벽. 이 모든 것으로 만들어진 공간이야말로 최고의 음악이었고 최고의 하모니였다.

그때까지 나는 정통파 모더니즘 건축에 대한 뿌리 깊은 신념 같은 걸 가지고 있었다. 그러나 알바 알토와 유하 레이비스카의 건축을 접한 이번 여행을 통해 생각이 약간 달라졌다. 그 장소에 특별히 존재할 수 있는 건축만이 진정한 풍요로움을 내포할 수 있는 건 아닌가 하는 생각이 들었으니 말이다.

너무 큰 충격에 어리둥절한 상태로 만니스토 교회의 견학을 마쳤다. 그러고는 헬싱키 중심가에 있는 서점으로 가서 유하 레이비스카에 대해 찾아봤다. 그러던 중 한 잡지에서 그의 사무실 주소와 연락처를 발견했고, 지도를 보니 지금 있는 곳에서 그리 멀지 않았다. 갑자기 안절부절 어찌할 바를 몰랐다. 유하 레이비스카를 만나보고 싶어진 것이다. 곧장 그의 사무실로 전화를 걸었다. 만나서 이야기를 나누고 싶다고 말하니, 세상에나 놀랍게도 '2시간 뒤라면 만나줄 수 있다'는 대답을 들었다. 뭐든 일단 부딪쳐볼 일이다.

2시간 후 건축가 유하 레이비스카와 마주 앉았다. 내 여행 스케치북을 보여주며 건축에 대한 이야기꽃을 피웠다. 그는 남색 셔츠를 입고 있었고 얼굴에서 굉장히 단정한 인상이 풍겼다. 그의 말 한마디 한마디가 묵직했다. 그는 생전 처음 보는, 그저 일본에서 온 학생인 내게 자신의 건축관에 대해 진지하게 말해줬다. 지금 생각해도 고마울 따름이다.

제일 놀라웠던 건, 예전에 피아니스트가 되려고 했을 만큼 프로 수준의 음악가였다는 사실이었다. 만니스토 교회가 음악적 공간이라 느껴졌던 건 어쩌면 그의 이전 행적과도 관계있을지 모른다는 생각이 들었다. 그 외에도 거장 알바 알토를 아버지와도 같은 존재로 생각하고 있다는 것, 숲이나 호수 근처를 산책하는 것이 중요한 일과 중 하나라는 것, 생활하는 데 있어 자연과의 대화나 명상의 시간이 얼마나 중요한가에 대해서도 이야기해주었다. 마지막으로 그는 직접 사인한 하드커버 작품집을 내게 건네줬다. 지금도 그 작품집은 내 보물 중 하나다.

"정열을 담아 건축을 만들어나가는 건축가가 되길 바랍니다."

그때 해준 격려의 말은 여전히 내 버팀목이 되어주고 있다. 그와의 만남은 핀란드에서의 가장 큰 추억이다. '만나고 싶다는 강한 열의로 부딪치면 그 누구든 만날 수 있다'는 무모하면서도 근거 없는 자신감이 싹튼 것도 그 무렵이었다.

핀란드는 참 이상한 나라다. 설명하기 어려운 풍요로움으로 가득 차 있기 때문이다. 자동차 산업 같은 대규모 산업이 있는 것도 아니고, 일본과 별반 차이 없는 규모의 땅덩이에 홋카이도 정도의 인구밖에 없는 나라. 그런데도 핀란드 전체에서 느껴지는 이 풍요로움은 도대체 어디에서 오는 걸까?

건축가 유하 레이비스카와의 대화에서 이런 궁금증에 대한 힌트 비슷한 것을 잠깐 엿볼 수 있었다. 작은 나라, 그리고 여러 나라와 국경을 마주하고 있는 상황에서 싹 튼 '건전한 민족주의' 때문은 아닐까 하는 것이었다. 군주제도 같은 절대적 중심을 지니고 있지 않은 영향도 클 것이다. 또한 러시아 등 근방의 대국들에게 공격받을지도 모른다는 위협에 항상 노출되어 있다는 점도 국민들을 단결하게 만들었다. 이런 배경 속에 핀란드는 그 건전한 민족주의를 구조적으로 받쳐주는 유능한 인재를 각 분야에서 배출해왔던 것이다.

음악 분야에서는 장 시벨리우스Jean Sibelius, 1865~1957가 있었고 디자인 분야에서는 카이 프랭크Kaj Franck, 1911~1989가 있었다. 건축 분야에서는 물론 알바 알토다. 돌아오는 비행기 안에서 이런 생각을 했다. 작은 나라인데도 다방면에서 훌륭한 결과물을 내놓을 수 있었던 건, 핀란드의 차세대 인재들이 앞 세대들의 위대한 결과물에 최대한의 경의를 표하며 자신들도 높은 수준의 결과물을 만들어내고자 했기 때문이었다고 말이다.

　　그리고 대학원을 졸업한 나는 다섯 명의 건축가에게 편지를 썼다.
당신의 건축을 통해 건축가의 길을 가기로 결심하게 됐다는 편지였다.
그 다섯 명의 건축가 중에는 물론 유하 레이비스카도 포함되어 있었다.

Architecture Note

코에타로
Summer House

알바 알토의 별장이자 작업 공간이다. 코에타로는 핀란드어로
'실험주택'이라는 의미인데, 알바 알토는 이 집의 한쪽 벽면을 이용해
여러 모양의 벽돌을 쌓고 다양한 타일을 붙이거나, 증축 부분에서는
기초 없이 암반에 직접 보를 올리는 등 여러 가지 건축 실험을 했다.
건물 배치를 통해 집과 주변 환경의 조화를 꾀하고 자연에 대한
오마주를 보여주었다.

위치 : 핀란드 무라트살로
준공 : 1953년
건축가 : 알바 알토

©Timothy Brown

©J-P Karna

빌라 마이레아
Villa Mairea

빌라 마이레아는 핀란드 노르마르쿠에 지어진 단독 주택이다.
알바 알토가 그의 부인 아이노 알토와 함께 작업한 건축으로
아이노 알토가 인테리어를 주로 담당했다고 한다. 빌라
마이레아는 모더니즘 양식을 추구하면서 자연과의 조화를
꾀한 대표적인 모더니즘 주택으로 평가받는다.

위치 : 핀란드 노르마르쿠
준공 : 1939년
건축가 : 알바 알토, 아이노 알토(Aino Aalto)

부오크세니스카 교회
Vuoksenniska Church

핀란드의 공업도시 이마트라에 위치해 이마트라 교회라고도 한다.
핀란드의 자연적, 지역적, 민족적 특성을 잘 나타낸 교회로 백색
벽면과 검은색 동판 지붕의 대비가 눈에 띈다. 또한 비대칭적인
디자인, 곡면 벽체, 비스듬한 천장 등의 요소가 보는 각도에 따라
다른 느낌을 선사한다.

위치 : 핀란드 이마트라 부오크세니스카
준공 : 1958년
건축가 : 알바 알토

©MKFI

26

베를리너가
일하는 방법

Norway
1숙로

베를린
★

Germany

자우어브루흐 허턴 아키텍츠에서 일한 지 2년
째 되던 겨울의 어느 날, 마티아스 대표가 나를 불렀다. 대체 무슨 일일까
궁금해하며 그의 방으로 향했다. 그리고 생각지도 못한 제안을 받았다.

　　"얼마 전 노르웨이 설계공모전에서 초대를 받았다네. 수도 오슬로
Oslo 역세권 개발의 일부 파트, 사무용 빌딩 설계공모전이야. 자네에게
맡겨볼 생각인데 어때? 해볼 텐가?"

　　"네! 해보겠습니다."

　　말이 끝나자마자 그렇게 대답했다. 조금씩 흥분되기 시작했다.

　　"좋아. 공모전 제출은 3주 후네. 이번 공모전은 에너지를 콘셉트
축으로 잡는다고 하니, 다음 주 초에 환경 엔지니어 팀을 사무소로 불
러 회의할 생각이야. 그 전까지 공모전 개요를 분석해두길 바라네. 그
리고 자네를 중심으로 세 명의 팀을 꾸려두도록."

　　평온을 가장했지만 몸이 떨릴 정도로 흥분되는 건 어쩔 수가 없
다. 설계공모전 담당자라는 중대한 임무에 처음으로 발탁되었기 때문
이다.

　　지금까지 나는 취리히 고층 빌딩부터 시작해 미술관, 대학 캠퍼스
등 수많은 설계공모전 준비를 도왔다. 그러나 그간의 일은 팀 리더 밑
에서 주어진 임무를 최대한 해내면 되는 식이었다. 물론 좋은 아이디어
가 생각나면 제안하기도 했다. 그러나 실질적으로 팀 리더가 있고 그

위에 대표가 있기 때문에 '내가 디자인을 제안했다'기보다는 '모두 함께 고심하며 만들었다'는 느낌이 강했다. 그러나 이번은 다르다.

사무소 책임자인 마티아스, 루이자와 만나 직접 의견을 조율해야 하는 사람이 나였고, 결단을 내리는 모든 순간 그 자리에 있어야 하는 사람도 나였다. 방향을 잡고 다른 팀원들을 이끌어가는 것도 내 역할이었다. 모형만 만들어대던 인턴 시절이나 정식 채용 후 개인용 컴퓨터를 할당받아 도면만 그리던 시절과 비교하면 '설계공모전 담당자'란 직함은 내게 큰 진보였고 커다란 도전이었다.

곧바로 두꺼운 설계공모전 개요를 읽기 시작했다. 색색의 포스트 잇을 여기저기 붙여가며 주어진 조건을 서둘러 정리했다. 바닥면적을 최대한 넓게 확보할 경우 몇 층짜리 건물을 만들 수 있는지, 어느 정도 높이까지 건설 가능한지, 여러 패턴을 분석하며 검토하였다. 사무용 빌딩에 필요한 기능을 확인하는 한편, 사람들이 어느 방향을 통해 이 건물에 들어오게 될지 주변 지도를 더듬어가며 동선 문제도 고민하였다. 가장 효율적인 로비의 위치와 크기를 파악해 합리적인 엘리베이터 수도 검토했다. 그러나 이런 것만 반복해서는 정리에 정리만 더할 뿐, '이거다!' 하는 돌파구를 찾을 수 없다. 핵심 콘셉트가 필요했다.

마티아스와 루이자, 환경 엔지니어 팀과 마주 앉아 콘셉트 회의를 했다. 에너지 효율 문제에 어떤 식으로 접근할지 의견을 나누던 중 마티아스가 이렇게 말했다.

"에너지 제로의 오피스 빌딩을 만들 수는 없을까요?"

"기본적으로 유리 타워 건축이고, 쾌적하게 일할 수 있는 환경을 만들기 위해선 당연히 냉난방, 조명 등 전기를 많이 쓸 수밖에 없죠. 그런 조건 아래 에너지 제로 빌딩을 만들겠다는 말인데…….”

에너지 팀의 냉정한 답변이 이어졌다.

“태양열 패널이나 지열 등 자연을 최대한 이용해 에너지를 생산할 수 있는 빌딩을 만든다면 ‘플러스마이너스 제로’의 에너지 건축이 가능하지 않을까요?”

“이쪽이라면 바다도 가까우니 풍력을 이용하는 건 어떨까요?”

기회를 놓치지 않고 나도 의견을 내놓았다.

“괜찮은 생각입니다. 오슬로의 풍향 특성을 조사해봅시다. 만약 강한 바람이 일정 방향에서 계속 불어주기만 한다면 바람도 에너지원으로 쓸 수 있을 겁니다. 그렇게 되면 건물의 형태를 유선형으로 디자인해보는 것도 재미있을 것 같네요. 바람을 더 잘 모을 수 있도록 말이죠.”

종이 위에 개략적인 스케치를 그려가며 설계안의 방향성을 좁혀나갔다. 최고의 프로들이 하는 일에는 머뭇거림이 없다. '할 수 있다, 없다'를 순식간에 판단하기 때문에 이야기 진행이 빠르다. 팀원 각자의 지혜를 꺼내놓는 ‘아이디어 캐치 볼’은 순조롭게 착착 진행됐다. 우리는 태양열 패널을 유리면에 부착한, 바람을 이용할 수 있는 유리 건축을 디자인하기로 결정했다.

자우어브루흐 허턴 아키텍츠는 팀워크를 통한 유연한 사고와 ‘색채’를 중요시한다. 팀워크를 통한 유연한 사고란 다양한 멤버로 구성된 팀이 서로 신뢰하고 각자가 생각하는 바를 솔직히 주고받으며 아이디어를 서로 엮어나가는 것이다. 비유하자면 점토놀이 같은 방식이다. 고정하지 않고 계속 반죽하며 콘셉트를 잡아간다. 저쪽을 누르면 이쪽이 튀어나오고 이쪽을 누르면 저쪽이 튀어나오듯, 다양한 가능성을 검토하며 디자인 작업을 한다. 끈기가 필요한 작업이지만, 이런 유연한 사고 과정을 거쳐야만 건축 디자인의 돌파구가 될 힌트를 찾을 수 있다고 생각한다.

자우어브루흐 허턴 아키텍츠는 색채가 도드라지는 건축으로 정평이 나 있다. 그러나 이는 눈에 띄어야 한다는 식의 접근방식이 결코 아니다. 우리는 색채의 풍요로움을 신뢰하고 있다. 그렇기 때문에 두려움 없이 건축에 색을 사용한다. 모더니즘 건축은 일체의 장식을 배제하는 동시에 흰색을 지나치게 숭배하고 말았다. 모던한 건물은 항상 흰색, 흰색, 흰색이다. 좀처럼 흰색을 부정할 수 없다. 청결하고 아름답고 새롭기 때문에. 그러나 자연은 하늘, 땅, 산, 바다, 어디를 보건 색채로 넘쳐난다. 흰색은 이러한 색채를 돋보이게 해주는 역할 때문에 더욱 선호되지만 그것만으로는 충분하지 않다.

마티아스와 루이자 밑에서 일하는 동안 안이하게 흰색을 선택하는 것에 대해 의구심을 품게 되었다. '건축 안에서 보다 다양한 색의 관계성을 실험하고 색 간의 화학반응을 만들어보는 건 어떨까' 하는 생각이 들었다. 색채 사이의 화학반응을 만들어내고자 할 때, 그들은 자신의 미적 감각에만 의존하는 것이 아니라 건물 주변에 이미 존재하는 색을 발견하는 것을 디자인의 출발점에 둔다. 자의적인 감각만으로 색채를 선택하지 않는 것. 이 역시 이곳에 근무하면서 배운 중요한 것 중 하나다.

첫 미팅 후 곧바로 디자인 작업에 착수했다. 함께 대화하며 그렸던 러프 스케치를 토대로 캐드 작업에 돌입했고, 몇 가지 패턴을 그려본 후 모형을 만들었다. 논의는 계속됐다. 컴퓨터 그래픽에 뛰어난 팀원에게는 유리 파사드에 접착할 태양열 패널의 이미지를 알기 쉽게 표현한 영상을 만들게 했다. 나는 우리의 제안이 의뢰인의 모든 요구를 충족하고 있는지 설계공모전 개요와 대조해가며 확인했고, 건물의 평면계획과 입면 디자인을 검토해나갔다.

공모전 마감이 다가오자 3일에 한 번꼴로 마티아스와 만나 여러 버전의 설계안을 하나로 집약하는 작업을 했다. 환경 엔지니어는 오슬로의 풍향 데이터를 메일로 보내왔고 남북 방향으로 건물을 지어 바람을 이용할 수 있도록 설계해달라는 요청과 함께, 소리가 나지 않는 최신 풍력발전기의 도면을 보내왔다. 그 내용을 조속히 최신 검토안에 포함했고 설계의 정밀도를 향상시켰다. 세 개의 타워로 건축을 구성했으며, 표면적을 줄이기 위해 타워 전체를 완전히 뒤덮는 유리 외벽을 설치하면서 거대한 아트리움 두 개를 만들었다.

우리 쪽 안이 어느 정도 정리되자 환경 엔지니어 팀의 시뮬레이션 프로그램으로 우리가 설계한 건축이 바람을 모아 에너지를 생산하는 데 적합한 것인지 체크했다. 그런 작업을 주고받으며 마지막까지 미세한 조정을 계속했다. 마감이 1주일 남았을 무렵, 마티아스와 나 사이에 이런 대화가 오갔다.

"일본어 한자에 '山'이라는 글자가 있는데, 이 건물의 단면도가 그 한자랑 비슷하게 생겼습니다."

"오, 정말인가? 그거 재미있는데. 일본어로는 어떻게 발음하나?"

"'야마'라고 합니다."

"'야마'라……. 소리의 울림도 좋군. 우리가 제안하는 이 건축의 이름을 '야마'라고 하는 건 어떤가?"

자연의 에너지와 '야마'라는 이름이 주는 인상을 표현하기 위해 다양한 톤의 초록색을 건물의 색으로 결정했다. 어두운 초록부터 밝은 연두에 이르기까지, 층이 올라갈수록 점점 색이 밝아지도록 건물 외관에 그러데이션을 주기로 했다.

우리는 마지막의 마지막까지 포기하지 않고 설비 아이디어의 실현 방법을 자세히 첨부한 도면을 끈기 있게 마무리해나갔다. 누가 봐도 인정할 수 있을 때까지 설계안을 갈고닦았고, 절실한 마음을 담아 설계안을 제출했다. 남은 건 결과를 기다리는 일뿐이었다.

독일 건축사무소에서 4년 정도 근무하면서 알게 된 독일과 일본의 차이점이 두 가지 있다. 먼저, 일에 대한 자세다. 독일인은 열심히 일하고 열심히 쉰다. 격무를 해치우면서도 개인적인 시간을 소중히 한다. 큰 프로젝트의 리더를 맡고 있으면서도, 딸의 피아노 발표회 등을 이유로 조퇴하는 게 너무나도 자연스럽다. 원래 저녁 7시면 다들 퇴근하지만 때로는 5시 정도에 퇴근해버리는 사람도 있다.

사무소 내의 지위와는 전혀 상관없다. 대학생 인턴이든 대표든 상관없이 일보다 우선순위인 일이 있다면 그쪽 용무를 택한다. 그러나 별문제 없다. 다들 제대로 자기 일을 하기 때문이다. 뭔가 특별한 일이 있는 날이면 평소보다 일찍 출근하거나 점심을 건너뛴 채 작업을 계속하

01

02

03 04

01
'야마'의 모형. 처음으로 팀장을
맡아 설계공모전에 제출한 작품

02 03 04
지붕 위에 설치한 풍력발전기가
어떤 식으로 바람을 모아들이는지,
또한 그 구조는 어떠한지를
시각화한 다이어그램과 단면도

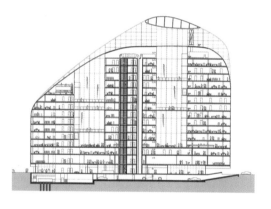

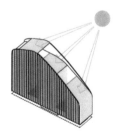

며 부족함을 미리 메운다. 해야 할 일을 다 하기 때문에 팀 멤버들로부터도 불만이 나올 리가 없다.

그 시스템에 익숙해지면서 나도 가끔 조퇴를 했다. 일본에서 친구가 놀러오거나 하면, 조금 빨리 퇴근해 콘서트를 보거나 연극을 봤다. 독일에서는 철야라던가 막차 시간까지 회사에서 일한다거나 하는 일이 전혀 없다. 더군다나 상사가 퇴근할 때까지 부하가 퇴근하지 못하고 책상에 계속 붙어 있어야 하는 일 따위는 절대 없다. 그렇기 때문에 퇴근 후에도 요리나 조깅, 독서 등 자신만의 시간을 충분히 즐길 수 있다. 이런 시간을 통해 다음날 업무를 위한 재충전도 할 수 있고, 장시간 사무실에서 일하는 것보다 효율도 좋다.

또 하나는 건축가로서의 독립에 관한 자세다. 일본에서는 대학에서 건축을 공부한 사람이라면 '언젠가는 독립해 나의 사무실을 차리고 싶다'는 생각을 조금이나마 가지고 있다. 거기에 '서른이 되기 전'이라는 제한 시간을 추가하는 사람도 있다. 사실 나 역시 그런 타입으로, 서른이 되기 전에 독립하겠다는 전형적인 야망을 품고 있었다.

그에 비해 독일 건축가들은 그다지 독립 의지가 강하지 않다. 아니, 어쩌면 독립할 생각을 하지 않는다고 해도 그리 지나친 말이 아닐 정도다. 그들은 설계사무소 안에 자신이 건축가로서 일할 수 있는 자리만 확실하다면 굳이 회사를 떠나 독립하려고 하지 않는다. 월급을 충분히 받을수록 그런 경향이 더 강하다. 일부러 새로운 환경에 뛰어들고자 하는 사람이 거의 없다.

자우어브루흐 허턴 아키텍츠를 예로 들어보면, 내가 근무했던 4년 동안 사무실을 그만두고 나가 독립한 사람은 딱 한 명뿐이었다. 100명이나 되는 건축가가 근무하고 있었는데도 말이다. 솔직히 정말 놀랐다.

일본 건축가는 대부분 단독주택 설계를 하기에 새로운 일을 만날 수 있는 기회가 비교적 많다. 그러나 단독주택의 수요가 일본보다 적은 독일에서는 힘든 설계공모전을 통해 일감을 따내야만 건축 일을 할 수 있다. 아마도 이런 환경이 독립에 대한 의지를 일깨우지 않는 데 영향을 미치고 있는 것 같다.

자, 그렇다면 오슬로의 설계공모전은 어떻게 되었을까? 공모전 결과는 '가작 입선'이었다. 최우수상을 거머쥐어 내 설계안을 실현하겠다는 꿈을 이루지 못해 분했다. 그러나 모두가 만족할 만한 작품을 만들어냈다는 것만으로도 의미 있는 도전이었다며 다들 인정해주었다.

노르웨이에서 거행된 시상식에도 참가하였다. 입선 포상으로 유급휴가를 쓰고 조금 긴 노르웨이 여행을 다녀왔다. 겨울 오슬로의 추위는 대단했다. 눈이 내렸고 뼛속까지 얼어붙을 정도로 추웠다. 노벨 평화상을 수여하는 장소로 유명한 오슬로 시청사 등 오슬로 이곳저곳을 돌아봤다. 그렇게 북유럽의 공기를 만끽하며 다음에 있을 설계공모전을 위해 재충전의 시간을 가졌다.

오슬로 설계공모전을 맡아 준비하는 동안, 리더십을 발휘해 팀을 지휘하는 일의 어려움과 즐거움에 대해 조금이나마 알게 되었다. 약간의 성취감과 커다란 아쉬움 사이, 승리의 결과를 만들어내는 일이 얼마나 어려운 것인지에 대해서도 새삼스레 깨달았다.

그러나 한편으로는 모든 문제에 대해 책임감을 갖고 스스로 결단을 내리고 싶다는 마음이 싹텄고, 머지않은 미래에 건축가로서 독립하고 싶다는 마음의 소리가 한층 더 커져만 갔다. 독립한다면 독일이 아닌 일본에서 하고 싶었다. 앞에서 말했던 단독주택 시장에 대한 것뿐만 아니라, 건축주와 논의를 거듭하며 대등한 위치에서 함께 건축을 만들어가기 위해서는 모국인 일본에서 일을 하는 게 나을 것이라는 생각이 들었기 때문이다.

독일 같은 작업 스타일, 매일 7시 정도면 일을 끝마칠 수 있는 여유로운 업무 균형. 일본으로 돌아가 독립하게 된다면 그런 건축사무소를 운영하고 싶다고 내 멋대로 생각하기 시작한 것도 그 무렵부터였다.

눈 쌓인 오슬로의 가로수

27

프랑스 왕립 제염소가
남긴 숙제

아르크 에 세낭
★

France

대학 시절 강하게 끌렸던 책 한 권이 있다. 백 년도 훨씬 전에 쓰인 책이었는데도 앉은 자리에서 전부 읽어치우고 말았다. 읽는 동안 체온이라도 올라간 듯 훈훈한 기분이 들었다. 표트르 크로포트킨Pyotr Alexeyevich Kropotkin, 1842~1921의 『만물은 서로 돕는다Mutual Aid: A Factor of Evolution』라는 책이다.

책 속에서 크로포트킨은 다윈의 진화론을 인정하면서도 인간이 진화하기 위해 필요한 요소는 서로 돕는 문화, 즉 상호부조相互扶助라고 주장했다. 크로포트킨은 어떤 질문에 대해 절대적인 정답을 내리는 대신, 상호부조라는 사고방식을 여러 각도에서 살펴보고 새로운 가능성이 있다면 유연하게 받아들여야 한다고 말한다. 크로포트킨의 책을 한마디로 정리하자면 '상호부조를 통한 공존의 아름다움'이다. 결론 부분에 그는 이렇게 쓰고 있다.

개별적인 투쟁을 최소화하면서 상호부조의 문화를 최고조로 발전시킨 동물 종은 늘 수적으로 우세했으며 가장 번성했다. 그리고 앞으로도 더 크게 발전할 가능성을 가지고 있다.

언젠가부터 한 생각이 내게 싹텄다. 상호부조를 통한 관계성이야말로 강인하고 건전한 공동체를 형성하는 데 핵이 될 수 있는 개념이 아닐까. 그리고 막연히 이런 생각도 들었다. 숲이 나무를 성장시키는 '용기腐器'이듯, 건축이 '상호부조의 문화'를 만들어내는 계기가 될 수 있다면 얼마나 근사한 일인가 하고 말이다. 개인만을 위한 건축이 아니라 '모두'를 위한 건축 말이다.

사람과 사람을 잇는 상호부조의 정신을 이해하고자 관심을 가지고 공부할 때의 일이다. 대학 도서관에서 책장을 무심히 넘기다가 어느 건축가의 스케치가 눈에 들어왔다. 프랑스 혁명기에 활약했던 18세기 건축가 클로드 니콜라 르두Claude-Nicolas Ledoux, 1736~1806의 스케치였다. 원과 삼각형, 정사각형 등 순수한 기하학적 조형 그대로를 대담하게 사용한 박력 있는 건축 스케치였다. 르두의 스케치에 담긴 정밀하면서도 독특한 분위기는 현실과는 동떨어진 환상의 세계였고, 혁명기의 혼란 속에서 유토피아의 모습을 모색했던 결과로 탄생한 조형이었다.

하지만 르두는 세워지지 않을 꿈의 건축, 즉 가공의 건축만 설계했던 사람은 아니었다. 그 책을 통해 그가 실제로 설계했던 건축물이 지금도 존재하고 있다는 것을 알게 됐다. 스위스에서 가까운 프랑스 동부 시골마을 아르크 에 세낭Arc-et-Senans에 세워진 왕립 제염소The Royal Salt Works가 바로 그 건물이었다. 왕립 제염소는 왕을 위해 소금을 만들어내는 용도로 계획되었고, 실제로 소금을 만드는 데 사용되었으나 19세기 말 조업이 중지됐다. 지금은 유네스코 세계문화유산에 등재된 상태이며, 박물관으로 일반인에게 공개되고 있다. 기하학적인 배치를 통해 만들어진 왕립 제염소는 르두가 그리던 이상 세계를 실현한 건물인 듯 보였다. 언젠가 아르크 에 세낭을 찾아가 실제로 확인해보리라. 도서관의 좁은 벤치에 앉아 그렇게 결심했다.

베를린 생활도 3년으로 접어든 봄, 드디어 르두의 건축을 보러 갈 기회가 생겼다. 아르크 에 세낭의 왕립 제염소는 한적한 전원 풍경이 계속되던 가운데 불쑥 나타났다. 반원 모양 부지에 여러 건물이 들어서 있었다. 바로 근처에는 쇼 숲Chaux Forest이 광대하게 펼쳐져 있었다. 소금을 만드는 데 필요한 땔감을 그 숲에서 조달한 것으로 보였다.

당시 소금은 굉장히 귀중했다. 소금 없이는 식품을 장기간 보존할 수가 없다. 염분이 많은 아르크 에 세낭에 수많은 우물을 팠고, 식염을 안정적으로 공급할 수 있도록 공업도시가 만들어졌다. 공업도시의 설계 계획을 맡은 이가 바로 왕실건축가 클로드 니콜라 르두였다.

한 명의 건축가가 건물 설계는 물론 공동체를 위한 도시까지 디자인한다는 건 상당히 드문 일이었고, 그렇게 그가 만들어낸 도시는 결과적으로도 상당히 특이했다. 부채꼴로 늘어서 있는 건물과 그 평면 계획은 물론, 건물 정면이나 기둥 같은 곳에 사용된 장식, 재료 등 전체적인 부분에서 그가 지닌 하나의 조화로운 세계관이 드러났다. 평면 계획은 대담한 반원 모양이었고 가공된 형태 역시 둥근 기둥과 각진 기둥이 교대로 반복되는 독특한 스타일이었다.

왕립 제염소 정원의 부드러운 곡선을 따라 천천히 걸으며 18세기 사람들이 이곳에서 어떤 식으로 공동생활을 해나갔을까 상상해봤다. 사람들은 어떤 옷을 입고 어떤 대화를 나누었을까. 상상은 점점 부풀어 가기 시작했다. 제염소 입구에는 소금이 흘러넘치는 모습을 돋을새김으로 묘사한 조각이 있었다. 그 조각을 보니 당시의 모습이 조금 더 구체적으로 떠올랐다.

그렇다면 반원 모양의 배치란 어떤 의미일까? 당연한 말이지만 반원형의 배치에서는 구심성求心性이 상당히 강조된다. 중앙의 감독관 건물은 어느 위치에서도 잘 보이고 구성원에게 강렬한 인상을 준다. 공동체 중심에 있는 사람이 구성원 전원을 살펴보기 위한 합리적인 평면 계획이기는 하나, 감옥 같은 분위기 때문에 거주자에게는 결코 편안한 가옥 구조가 아니었다.

부채꼴 부지 내부의 모든 건물은 남쪽을 향하고 있었다. 동쪽에서 뜬 태양이 서쪽으로 질 때까지 모든 건물이 평등하게 햇빛을 받을 수 있도록 설계된 것이다. 또한 전시된 자료를 보니 각 건물 앞에는 텃밭이 있어, 소금을 만들면서 밭농사를 지어 자급자족할 수 있게 계획한 것으로 보였다.

소금이 흘러넘치는 모습을 돌을새김한 조각

대학 시절부터 마음에 품어왔고 결국 이렇게 찾아갔건만, 안타깝게도 아르크 에 세낭의 왕립 제염소는 내가 상상하던 '서로 돕는 사회'의 이상적인 모습은 아니었다. 솔직히 너무나도 실망스러웠다. 질서 정연한 시스템으로 통제하겠다는 욕망이 전면에 부각된 건물이었고, 그래서 지루했다. 이 위화감은 어디서 오는 것일까?

반원 모양의 배치에 따라 도시 전체가 물리적으로 폐쇄되어 있는데 그 원인이 있는 것 같았다. 바깥 세계와 완전히 단절된 게이티드 커뮤니티Gated community가 지닌 폐쇄성이 마치 늘 감시되고 있는 것 같은 답답함을 느끼게 했다. 이렇듯 왕과 민중이 서로를 감시하고 있는 권력의 긴장상태를 상호부조라고 볼 수는 없을 것이다. 건전한 공동체를 만들기 위해서는 막혀 있어서는 안 된다. 서로 의사소통할 수 있는 열린 집합체여야만 진정한 자유를 누릴 수 있는 게 아닐까.

원래 르두의 왕립 제염소는 완벽한 구형으로 계획되었으나 반원 모양에서 공사가 중단되고 말았다. 공사가 중단되었다는 사실이 이 계획이 실패했음을 여실히 말해주고 있다. 왕을 중심으로 소금을 만든다는 단일한 목적을 내세워 바깥세상과 접속하는 회로를 끊어버린 상태가 얼마나 갑갑한 것인지, 아르크 에 세낭의 왕립 제염소는 그 한계를 뜻하지 않게 드러내고 말았다. 그리고 그 건축을 통해 왕정주의의 약점 혹은 한계 역시 드러났다고 할 수 있다.

수많은 사람이 모여 행복하게 살기 위해서는 무엇이 필요할까? 원시림을 예로 들어보자. 크로포트킨의 말에 따르면 원시림에서 살아가는 수많은 동식물은 성장하고 진화하기 위해 상호부조의 열린 관계를

01
반원 모양의 부지 위에 배치되어 있는 왕립
제염소의 건물들

02
반원 중심에 위치한 감독관 저택. 둥근 기둥과
각진 기둥을 번갈아 쌓아 올린 독특한 디자인이
눈길을 끈다.

03
르두가 만들고자 했던 원형 도시 모형이
자료실에 전시되어 있다.

01
　　　　02
03

맺고 있다. 이기적인 경쟁 대신 살아있는 동적 균형이 제대로 작동하기 위해서는 보다 다양한 상태를 받아들일 수 있는 열린 세계가 필요하다.

다소 뜬금없지만 럭비 이야기를 하고 싶다. 왠지 럭비를 보고 있으면 '상호부조적 관계성이 저런 거구나' 하고 강하게 느껴지기 때문이다. 럭비 팀은 각각의 역할에 충실한 전문가 집단이다. 공을 차는 선수, 공을 안고 달리는 선수, 상대편으로부터 팀원을 보호하는 선수, 골을 결정하는 선수가 공격을 담당하고, 수비수는 태클을 걸어 상대편 선수를 넘어뜨리는 역할에 집중한다. 확실한 역할분담 속에 서로 협력하여 최고의 경기를 펼친다. 감독과 코치는 선수의 특징을 파악해 정밀한 전술을 구사한다. '슈퍼볼'에서 우승할 만한 실력을 가진 팀을 살펴보면 상호부조의 관계가 확실히 확립되어 있음을 알 수 있다. 그런 팀이 보여주는 폭발적인 경기를 보고 있으면 완전히 넋이 나갈 정도다.

과연 우리는 럭비와도 같은 상호부조적 관계를 통해 원시림처럼 열린 건축을 디자인할 수 있을까? 아마도 그것은 한 명의 건축가가 계획할 수 있는 종류의 것이 아닐 것이다. 왜냐하면 시대의 변화에 적절히 대응하기 위해서 '시간'마저 계획해야 하기 때문이다. 상호부조적 문화 성립에 있어 중요한 열쇠는 건축에 '보다 많은 변수'를 만들어낼 수 있느냐는 것이다. 여러 사람이 함께, 그리고 다양하게 살기 위한 이상적인 형태는 어떤 것일까? 외부로 열린 건축, 미리 정해진 용도에 묶이지 않는 건축, 확장할 수 있는 여백이 있는 건축이 아닐까?

르두의 왕립 제염소의 실패는 후세를 살아가는 우리들에게 엄청나게 큰 과제를 남겼다.

28

달콤한 봄의 맛,
슈파겔

베를린에서 사는 동안 처음 경험해보는 것이 많았다. 그중에서도 1년에 한 번 하던 단식은 지금도 가끔 하고 있는 새로 생긴 습관이다. 내가 하던 단식은 목요일 저녁식사를 마지막으로 금, 토, 일 삼일 꼬박 물만 마시는 단식이었다. 힘들었다. 월요일 아침, 84시간 만에 마시던 특제 주스의 맛은 각별했다. 사과와 오렌지, 당근, 샐러리를 갈아 만든 주스였다. 진한 액체가 식도를 타고 위장으로 들어가 내 몸 속을 부드럽게 타고 돌며 온몸에 스며들었다. 마치 사막에 내린 비 같았다. 내 위장 모양이 어떻게 생겼는지 또렷이 알 것 같은 기분이 들 정도였다. 극도로 혹사한 몸에 그 특제 주스는 얼마나 맛있었던가.

단식은 늘어나는 몸무게와 불규칙한 식생활 때문에 생긴 위장의 부담을 줄이기 위한 특단의 조치였다. 또한 그 무렵 마라톤을 시작했던 지라 몸무게를 줄이면 무릎에 부담을 줄일 수 있을 거라는 기대감도 있었다. 마라톤 대회 4개월 전 본격적인 훈련이 시작되는 시기에 맞춰 단식을 하고는 했다.

몇 번인가 단식을 해보니 일상생활에서 식생활이 얼마나 큰 역할을 하고 있는지 새삼 깨닫게 됐다. 일단 먹는 것과 관계되는 모든 것을 생활에서 단절하면 처치 곤란할 정도로 많은 시간적 여유가 생긴다. 그리고 몸의 감각도 점점 예민해진다.

나는 한 번 단식하면 약 5킬로그램 정도 빠지곤 했다. 마치 걸레를

2006년 베를린 마라톤 대회에서 완주했다.
내 인생 첫 42.195킬로미터였다.

비틀어 짠 것처럼 순식간에 몸무게가 줄었고, 날아갈 듯 몸이 가벼워졌다. 후각도 점점 민감해졌다. 통상적인 식사를 할 수 없음을 알게 된 몸이 냄새로라도 보상받으려는 건지 음식 냄새에 강하게 반응했다. 기름진 치킨 케밥에 들어갈 고기 굽는 냄새, 달콤한 초콜릿이나 과자의 은은한 향……. 가게 앞을 지나며 킁킁 냄새만 맡아도 굉장히 행복해지곤 했다. 공복감을 잊기 위해서 자주 이를 닦았다. 배가 고프다 싶으면 일단 욕실로 들어가 양치를 했다. 그러면 신기하게도 금세 괜찮아졌다.

그렇게 3일 동안 단식을 하면 몸 속의 독소가 빠지고 미각도 민감해지며 먹는 행위가 내 몸을 만들어주고 있다는 당연한 생각이 새삼 들면서 감사하는 마음이 생긴다. 자신의 일상적인 식생활을 재조정할 수 있는 계기도 되고, 내가 먹을 음식 정도는 스스로 만들자는 생각도 하게 된다. 물론 대학원을 졸업하기까지 도쿄에서 6년 동안 혼자 살았고 베를린 생활도 마찬가지였기 때문에 어느 정도 요리는 할 수 있었지만 말이다. 그러고 보니 배낭여행 자금을 모으기 위해 했던 아르바이트도 신주쿠에 있던 이탈리안 레스토랑 주방 일이었다.

요리는 현장에서 건축을 만드는 행위와 비슷한 데가 있다. 좋은 식재료를 능숙하게 다듬어 준비한 후 조리해 완성해내는 일은 기술자들과 대화해 건축 자재를 조합하고 공정 감리를 해가며 건축을 만들어 올리는 것과 비슷하다. 요리와 건축은 동시에 여러 가지를 생각하며 작업해야 한다. 요리와 건축의 즐거움은 다양한 방향에서 맞춰가기 시작한 직소jigsaw 퍼즐이 점차 완성되어 가는 과정에서 느끼는 기쁨과 비슷하다. 그 때문에 요리와 건축을 좋아하는 건지도 모르겠다.

하지만 해외에서는 가게에서 살 수 있는 식재료가 일본과 다른 데다가, 간장·된장·맛술 같은 편리한 조미료가 없기 때문에 상당히 원시적인 요리로 완성되는 경우가 많다. 게다가 채소볶음이나 파스타 같은 요리를 1인분만 만드는 것은 꽤나 번거로운 일이다. 카레 같은 것도 어찌 어찌 하다보면 양이 많아지기 때문에 3일 연속 카레만 먹었던 적도 숱하게 많았다. 바지런히 냉동해두는 습관을 들이지 않으면 나중에 고생한다.

어떤 요리든 혼자보다는 다른 사람과 함께 먹는 편이 훨씬 맛있는 법이다. 그래서 배낭여행 때 밥 먹는 게 힘들었다. 함께 그 맛을 공유할 수 있는 사람이 없다면 혼자 아무리 맛있는 걸 먹어도 맛에 별 감흥이 없다. 실제로도 음식 맛이 심심하게 느껴지고 말이다. 그래서 학생 때 다니던 배낭여행 일정은 온전히 건축 위주로 짰고, 식사는 우선순위에서 한참 아래에 있었다. 맥도날드 같은 패스트푸드점에 가거나 샌드위치 같은 가벼운 음식으로 때우는 일이 잦았다.

하지만 베를린에 살면서부터는 달라졌다. 애인이나 친구, 동료를 집으로 초대해 자주 함께 밥을 먹었다. 가볍게 모여 함께 밥을 먹을 수 있는 친구들이 주변에 있다는 게 고마웠다. 식사 준비는 항상 샐러드 만들기부터 시작했다. 샐러드를 만들 때 제일 먼저 할 일은 잘 씻은 양상추를 이상한 바가지처럼 생긴 플라스틱 기계에 집어넣는 일이다. 둥근 손잡이를 힘차게 돌리면서 원심력을 이용해 채소의 수분을 털어낸다. 나뭇결이 예쁜 커다란 나무 볼에 아삭아삭한 양상추를 듬뿍 담고 그 위에 손으로 적당히 찢은 모짜렐라 치즈와 가늘게 썬 버섯을 함께 올린다. 마지막으로 엑스트라 버진 올리브오일과 소금, 후추를 섞어 만든 드레싱을 뿌리면 완성. 레몬을 약간 짜 넣으면 더 맛있다. 축하할 일이라도 있는 날에는 내가 좋아하는 아보카도를 추가해 호화로운 샐러드를 만들기도 했다. 샐러드가 완성되면 햄버거를 만들거나 고기를 굽기도 했지만 메인 요리에 대한 기억보다는 식사 때마다 빠지지 않았던 샐러드가 더 기억에 생생하다.

흔히 독일 요리는 맛이 없다고들 한다. 피자나 스파게티가 엄청나게 맛있는 이탈리아 요리나 멋들어진 프랑스 요리에 비하면 확실히 독일 요리는 수수한 편이다. 하지만 독일에는 채소와 돼지고기를 주재료로 한 맛있는 향토 요리가 지역별로 엄청나게 많다. 특히 감자에 관해서는 정말이지 다양한 조리법이 있다. 갈아서 동그랗게 빚어 만든 크너델Knödel, 팬에서 바삭하게 구워낸 카토펠푸퍼Kartoffelpuffer 같은 감자 요리가 곁들이는 음식으로 나온다. 외국에서 손님이 오면 이런 소박한 향토 요리를 파는 전통 있는 베를린 레스토랑에 자주 데려가고는 했다. 베를린에는 독일 레스토랑 말고도 다양한 나라의 레스토랑이 많았는데, 특히 카레를 파는 인도 레스토랑이나 태국 레스토랑 중에 싸고 맛있는 곳이 많았다.

참고로 독일 대표 음식인 소시지는 독일어로 부어스트Wurst라 하는데, 특히 커리부어스트Curry Wurst라는 음식이 베를린 명물이다. 이름 그대로 소시지 위에 소스와 카레 가루를 올려 먹는 단순한 요리다. 약간 배고플 때 먹으면 정말 맛있기 때문에 나중에는 습관적으로 커리부어스트를 찾게 된다. 얇게 썬 소시지와 감자, 달큰한 양파를 함께 볶아 만든 저먼 포테이토German Potato도 싸고 맛있는 독일의 대표적 음식이다.

하지만 추천하는 독일 음식이 뭐냐고 묻는다면 내 대답은 고민할 것도 없이 슈파겔Spargel이다. 슈파겔은 화이트 아스파라거스를 칭하는 독일어로, 베를린에서 처음 먹었던 슈파겔 맛은 정말 잊을 수가 없다. 흔히 먹을 수 있는 녹색 아스파라거스에서 색깔만 다른 것 아니냐고 생각할 수도 있겠지만 전혀 다르다. 녹색 아스파라거스보다 훨씬 통통하고 과일처럼 단맛도 있다. 슈파겔은 봉긋하게 두둑을 높인 땅 속에 심어 정성껏 키워야 한다. 햇빛을 쬐면 안 되기 때문이다. 수확할 때도 땅을 조심조심 파야 한다. 그런 과정을 통해야만 새하얗고 토실토실한 슈파겔을 만날 수 있다.

내가 슈파겔을 처음 맛본 건 설계사무소의 점심시간 때였다. 한 입 먹자마자 살살 녹던 그 맛에 사로잡혀버렸다. 채소라기보단 과일에서 느낄 수 있는 싱싱한 맛이 있었다. 접시에 함께 나왔던 삶은 감자와 함께라면 얼마든지 더 먹을 수 있을 것 같았다. 맛있는 요리는 먹으면 먹을수록 더 배가 고파지는 것 같으니 참 이상한 일이다.

슈파겔은 벚꽃이 그러하듯 특정 기간에만 만나볼 수 있다. 그 희소성 때문에 슈파겔을 먹을 때마다 감사한 마음이 더 커진다. 슈파겔은 5월과 6월에만 나오는 제철 채소로, 두 달 동안만 시장에서 만날 수 있다. 슈파겔 시즌이 되면 각 슈퍼마다 가장 눈에 띄는 장소에 슈파겔을 진열한다. 그야말로 채소의 왕이라 할 수 있다. 레스토랑에서 먹으면 다소 비싸기는 하지만 접시 위에 올라가 있는 슈파겔의 양이 놀랄 만큼 많다. 조리법도 간단하다. 뜨거운 물에 삶은 다음 버터로 가볍게 볶거나 화이트 소스를 뿌려 먹는 조리법이 가장 대중적이다.

처음 슈파겔을 먹었을 때의 감동이 너무 컸던지라 이튿날 바로 집에서 요리해보기로 했다. 슈퍼에서 다섯 줄기에 한 묶음짜리 슈파겔을 샀다. 파스타를 삶을 때처럼 커다란 냄비에 물을 끓인 다음 가볍게 씻은 슈파겔을 과감히 집어넣었다. 문제는 삶는 시간이었다. 레시피가 있을 리 없으니 '뭐, 어떻게든 되겠지' 하며 몇 분 기다려봤다. 하지만 전혀 말랑말랑해지지가 않았다. 결국엔 기다리다 지쳐 좀 딱딱하면 어떠냐는 생각으로 냄비에서 슈파겔을 건져 곧바로 프라이팬으로 옮겨 버터와 함께 볶았다.

막상 먹으려고 하니 딱딱해서 잘 씹히지가 않을 정도였다. 그 전날 점심으로 먹었던 슈파겔과 너무나도 다른 맛이었다. 이상했다. 요리가 취미인 독일인 친구에게 곧바로 전화를 걸었다. 슈파겔을 어떻게 삶느

냐고 물어보고 나서야 껍질을 벗기는 과정을 빼먹었다는 사실을 알게됐다. 딱딱하고 맛없는 껍질까지 먹었기 때문이 맛이 달랐던 거였다. 삶고 볶은 슈파겔 껍질을 나이프와 포크로 벗겨내는 데는 엄청난 기술이 필요했다. 작은 게의 속살을 파내는 것만큼이나 힘들다. 결국 그날 평소보다 더 많은 샐러드를 먹는 것으로 식사는 끝이 났다.

내 첫 슈파겔 요리는 완전한 실패였고 말 그대로 씁쓸한 경험이 되고 말았다. 그러나 필러로 조심스레 껍질을 벗긴 후 조리한다는 걸 배운 두 번째부터는 독일에 봄이 왔음을 알리는 슈파겔 요리를 맛있게 먹을 수 있게 됐다. 요리에서 실패란 늘 따라다니게 마련이니 실패할까봐 걱정할 필요는 없다.

나는 지금도 마라톤에 출전할 때마다 3일간 단식하고, 먹는다는 것의 소중함을 재확인한다. 그리고 요리를 좀 더 열심히 해보자고 스스로에게 다짐한다. 일본에서는 통통하고 맛있는 슈파겔을 먹을 수 없다는 게 정말 아쉽다. 삶기 전에 껍질을 꼭 벗겨야 한다는 걸 제대로 알고 있는데 말이다.

29

독일에 꼭 있어야 할 건축,
자동차 박물관

덴마크 코펜하겐 외곽의 루이지애나 현대미술관Louisiana Museum of Modern Art은 한 조각 작품과 만날 수 있었던 행복한 장소다. 찾아간 시기가 비수기여서 미술관 안에는 사람이 거의 없었다.

마티스의 콜라주 작품 등을 보며 여유롭게 걷다가 자연광이 쏟아져 들어오는 구석 전시실로 들어갔다. 미술관에 커다란 창이 있는 전시실은 드물다. 창 너머로 호수와 푸른 정원이 펼쳐져 있었고, 창 앞으로 철사처럼 가느다란 자코메티의 조각이 고요히 서 있었다. 미술관에 온 관람객의 실루엣이 아닐까 순간 착각할 정도로, '걷는 남자Walking Man'는 너무나도 자연스레 그 장소에 서 있었다.

스위스 조각가 알베르토 자코메티Alberto Giacometti, 1901~1966의 작품만큼 사람을 끌어당기는 조각이 또 있을까? '호리호리한 팔과 다리, 가늘고 긴 얼굴'이라는 말만으로 표현하기엔 부족하다. 인간 신체의 구성 성분을 극한까지 깎아내고 응축한 조각 작품이라 할 수 있다. 조각이란 그림과 달리 정해진 정면이 없고 사방팔방 자신이 원하는 위치에서 바라볼 수 있다. 그래서 보는 방향에 따라 전혀 다른 인상을 받을 수 있다. 그만큼 조각은 다양한 표정을 보여주는 장르다. 뒤집어 생각해보면, 조각 작품은 관객의 눈에 가차 없이 노출되어 있다.

자코메티의 조각은 잎이 다 떨어진 가느다란 나뭇가지 같은 모습으로 그 자리에 서 있었다. 점토를 조금씩 붙였다가 다시 떼어내길 반

끌릴 수밖에 없는 조각,
자코메티의 '걷는 남자'

복한 흔적이 남았으며, 조각의 거친 표정을 통해 그와 같은 과정을 확실히 느낄 수 있었다. 현실과 동떨어진 인체 모습의 조각에 위화감을 느끼기는커녕, 그 매력에 빠질 수밖에 없었다. 자코메티의 눈에는 인간이 분명 이런 모습으로 보였을 거라고 상상할 정도였으니 말이다.

무라카미 하루키가 어떤 기행문에서 이탈리아 사람들은 걸음걸이의 미묘한 차이만 보아도 그 사람이 자기 마을 사람인지 아닌지를 알아볼 수 있다고 쓴 적이 있다. 그러나 자코메티의 조각은 사람이 걸을 때의 개성을 모조리 배제하고 '걷는다'라는 오직 그 행위만을, 사라져버리기 직전의 상태로 순수하게 추출한 조형처럼 느껴진다.

자코메티가 태어난 스위스의 지폐에는 그의 초상이 새겨져 있다. 배낭여행 도중 들렀던 스위스 바젤Basel의 한 미술관에서 내 인생 최초로 자코메티의 작품을 볼 수 있었다. 그때 봤던 작품도 걷는 남자였다. 그 군더더기 없는 단정한 모습에 등줄기가 바짝 서는 느낌을 받았다. 한 번 보면 결코 잊을 수 없는 자코메티의 조각. 자코메티는 실제 인간의 몸을 재현하지 않고 인간이 내포하고 있는 '형태'를 찾아내고자 했다. 그렇게 완성된 자코메티의 조각은 속세에 존재하는 것이 아닌 듯, 추상성을 강하게 띠고 있었다.

전 세계 미술관에 전시 중인 자코메티의 작품은 소품부터 성인보다 큰 작품에 이르기까지 크기가 다양하다. 하지만 크기와는 상관없이 모두 얼굴과 팔 다리가 철사처럼 가늘기 때문에 보는 사람은 어딘가 심리적으로 불안정하다는 인상을 제일 먼저 받는다. 인간이 직립보행을 하면서 손의 자유를 얻은 대신 늘 불안정하다는 사실이 자코메티의 가

담쟁이덩굴로 뒤덮인 루이지애나 현대미술관 출입구

바깥 풍경이 보이는 전시실에 '걷는 남자'가 전시 중이다.

느다란 조각을 통해서 강하게 느껴졌다. 그러나 어느 날 문득 깨달았다. 가늘고 길게 환원된 신체 부위 중 유독 발만이 비정상적으로 크게 만들어져 있다는 사실을 말이다.

마치 지면에 뿌리라도 박으려는 듯, 몸을 지탱하기 위해 비대화된 발은 커다란 받침대 위에 듬직하게 자리 잡고 있었다. 지금 당장이라도 움직일 듯 경쾌한 느낌을 지닌 자코메티의 조각 작품은 이 둔중한 받침대 덕에 지면에 고정될 수 있었고, 또한 그 받침대 덕분에 아슬아슬한 균형을 유지하고 있는 듯 보였다. 말 그대로 발이 땅에 붙어 걸을 수 없는 인간 조각이 운동감을 표현해낼 수 있었던 데에는 받침대의 역할이 결코 작지 않았으리라 생각한다.

자코메티의 인체 조각에게 받침대는 식물의 화분 같은 존재인지도 모른다. 추상화된 인간이 딛고 있는 대지를 잘라낸 것, 즉 받침대를 땅의 단면이라 생각하면 이해하기 쉽다. 그렇게 생각하자 걷는 남자의 조각을 받치고 있는 받침대가 점점 새까만 도로의 한 조각처럼 보이기 시작했다.

여기서 잠깐, 독일의 도로로 잠시 생각을 돌려보자. 벤츠나 BMW, 포르쉐, 아우디, 폭스바겐 등 세계적인 품질을 자랑하는 독일 명차들. 이렇게까지 독일의 자동차 산업이 성장할 수 있었던 데에는 독일의 수준 높은 도로 사정도 하나의 큰 요인으로 작용했다. 제한속도가 없기로 유명한 아우토반은 도로로서 높은 수준을 자랑한다.

'로맨틱 가도街道'라 불리는 독일 남부의 도로를 타고 여행하던 중, 아우토반으로 스위스를 통과해 이탈리아로 들어간 적이 있었다. 이탈리아로 들어가자마자 차가 덜컹거리기 시작했다. 고속도로가 울퉁불퉁했기 때문이다. 그런 고속도로와 만나면 누구든 독일 도로의 훌륭함을 뼈저리게 느낀다. 구멍투성이 이탈리아 고속도로와 독일 도로 사이에는 결정적인 차이점이 있다. 이탈리아 고속도로가 얇은 아스팔트 포장으로 만들어진 것에 비해 독일 도로는 대부분 콘크리트 포장으로 만들어졌다는 점이다. 독일 도로는 다른 나라의 도로에 비해 정말로 단단하게 만들어졌다. 나치 정권 하에 있던 1930년대 독일, 히틀러는 노동력을 아낌없이 투입하여 아우토반을 전국적으로 정비했다. 국가의 골격이라 할 수 있는 아우토반은 그렇게 완성됐다.

아우토반을 비롯한 독일의 훌륭한 고속도로는 독일의 자동차 산업을 발전시켰고, 자동차 산업은 새로운 건축을 탄생시켰다. 새로운 건축 장르 '자동차 박물관'이 바로 그것이다. 20세기에 발명된 자동차가

베를린 외곽,
아우토반을 달려갈 때의 풍경

현대인의 생활에 미친 영향력은 어마어마했다. 그런 점을 생각하면, 자동차라는 교통수단이 거쳐온 역사적 변천을 알기 쉽게 전시한 박물관이 최근 들어 독일에 속속 들어서게 된 것도 어쩌면 당연하다 싶다.

2000년 폭스바겐이 볼프스부르크Wolfsburg에 자동차 박물관을 세운 것을 시작으로, 2006년에는 메르세데스 벤츠, 2008년에는 BMW, 2009년에는 포르쉐가 자동차 박물관을 세웠다. 그중에서도 네덜란드 건축가 벤 판 베르켈Ben van Berkel과 캐롤라인 보스Caroline Bos가 이끌고 있는 UN스튜디오UNStudio가 설계한 벤츠 박물관Mercedes Benz Museum이 특히 이채롭다. 새로운 것을 추구하는 디자인에 확실한 기술력이 응축된 건축이었고, 참신한 공간으로 메르세데스 벤츠라는 기업의 이미지를 제대로 표현해낸 건축이었다. 금속성 외관으로 미래의 건축물인 듯한 인상을 주는 벤츠 박물관은, 나뭇잎 모양을 한 세 개의 원형을 고속도로의 인터체인지처럼 융합한 모양을 하고 있으며, 나선을 이용해 합리적으로 구성된 건축이다.

박물관을 둘러보는 순서는 이렇다. 엘리베이터를 타고 꼭대기 8층까지 올라간 다음, 각 층 사이를 둥글게 연결하고 있는 경사로를 따라 내려오면서 전시물을 감상한다. 구조가 복잡하긴 하지만 2중 나선으로 된 동선이 각각의 전시를 편리하게 즐길 수 있게 만들어주고 있었다. 건물 내부 어디에서도 뻔한 직선이나 직각은 찾아볼 수 없었다. 유기적인 곡선을 효율적으로 사용해 물처럼 흐르는 공간 체험을 할 수 있다는 게 인상적이었다. 또한 콘크리트, 알루미늄, 유리 소재를 고도의 기술로 가공해 완성한 건축을 돌아보는 동안 독일 건설회사의 시공 수준이 얼마나 높은지도 엿볼 수 있었다.

뭔가를 만들어낼 때는 다 마찬가지겠지만, 건축에서도 시공 오차라는 게 있다. 설계자는 시공 오차까지 감안해 '도망칠 구멍'까지 포함한 디테일을 디자인해야만 한다. 오차를 해소할 수 있게 여유를 둬야만 깔끔한 마감이 가능하기 때문이다.

구체적으로 보자면, 벽의 골조와 마감 사이에 여유 공간을 둔다거나, 바닥과 벽, 벽과 천장의 결합 부위의 틈새마저도 고려해 디자인해야만 한다. 그러나 독일은 거의 딱 맞는 시공 범위에서 작업을 해나가는 미학을 가지고 있는 나라다. 마이스터(장인) 기질이 강한 나라이기 때문이다. 거대한 건물을 지어 올리면서 밀리미터 단위의 오차도 허용하지 않겠다는 의지. 그 자긍심 높은 건축을 보고 있으면 든든하기까지 하다. 벤츠 박물관은 콘크리트 구조체 상태 그대로 마감되어 있기 때문에 시공 오차가 허용되지 않는, 굉장히 만들기 까다로운 건축이다. 완성까지 3년 반이나 걸렸다는 사실만 봐도 타협하지 않는 마이스터들의 작업 모습을 상상할 수 있을 것이다.

자동차 박물관에 갈 때마다, 대부분이 가족 단위의 관람객이라는 사실에 놀라곤 한다. 게다가 다들 진심으로 자동차 박물관을 즐기는 듯 느껴졌다. 자동차를 좋아하는 아버지 때문에 어쩔 수 없이 찾았다는 분위기는 전혀 느낄 수 없었다. 여자와 아이 들도 즐거워하고 있는 모습을 보니 마치 자동차 박물관이 하나의 테마파크 같았다.

새로운 건축은 새로운 시대의 새로운 필요에 따라 만들어지게 마련이다. 자랑스러운 아우토반이 있는 나라, 자동차를 사랑하는 독일이

01
02
03

01 유선형 외관이 특징인 벤츠 박물관
02 이중 나선으로 이루어진 동선 공간
03 경사로로 이루어진 공간에 클래식 자동차들이 전시되어 있다.

라는 나라에 그전까지 자동차 박물관이 없었다는 게 이상할 정도로, 자동차 박물관은 독일에 당연히 있어야 할 건축이었다.

일본인 건축가의 한 사람으로서, 일본에도 세상을 놀라게 할 만한 자동차 박물관이 생겼으면 하는 마음이다. 내가 만약 그 자동차 박물관을 설계하게 된다면, 현관 로비에 자코메티의 걷는 남자를 놓아두고 싶다. 박물관을 찾는 사람들에게 자동차로 이동하는 것이 얼마나 훌륭한 일인지 걷는 행위를 통해 생각하게 하는 것도 좋은 아이디어가 아닐까. 또 다시 나는 부탁받지도 않은 설계에 대해 내 멋대로 몽상 중이다.

인간의 원형을 표현해번
자코메티의 조각

Architecture Note

아우토슈타트
Autostadt

아우토슈타트는 '자동차 도시'라는 뜻으로, 자동차 산업 도시인 볼프스부르크에 있는 자동차 전문 박물관이다. 1939년부터 이곳에서 '비틀(딱정벌레)'이라는 애칭을 가진 자동차를 생산해온 폭스바겐이 공장 옆의 강을 따라서 박물관을 세웠다. 음악 축제와 다양한 이벤트가 열리며 레스토랑과 고급 호텔이 갖춰져 있다. 아우토슈타트의 중심에는 자립 고층 건물인 아우토튀르메(AutoTürme)가 있다. 22층 높이의 유리와 강철 구조물로, 갓 생산된 신차 보관소로 쓰인다.

위치 : 독일 볼프스부르크
준공 : 2000년
건축가 : 헨 아키텍텐(Henn Architekten)

©Ingo2802

©motoyen

포르쉐 박물관
Porsche-Museum

독일 바덴뷔르템베르크 주 슈투트가르트에 있는 자동차 박물관이다. 1976년에 처음 설립되었고 당시에는 자동차 20여 대를 전시하는 작은 박물관이었다. 오늘날의 박물관은 오스트리아 건축가 로만 델루간의 설계로 2009년에 새롭게 개관한 것이다. 약 80여 대의 자동차가 전시되어 있다.

위치 : 독일 슈투트가르트
준공 : 2009년
건축가 : 로만 델루간(Roman Delugan)

©pjt56

벤츠 박물관
Mercedes Benz Museum

독일 남서부 슈투트가르트 메르세데스 가에 있는 자동차 전용 박물관이다.
120년 벤츠의 역사를 한눈에 볼 수 있는 12개의 전시관으로 이루어져
있으며, 1886년부터 최근에 출시된 새로운 모델에 이르기까지 자동차의
모든 것을 전시하고 있다. 엘리베이터를 타고 꼭대기인 8층부터 나선형으로
돌면서 내려가는 구조로 설계되어 있다. 매주 월요일은 휴관하며 관람은
무료이다.

위치 : 독일 슈투트가르트
준공 : 2006년
건축가 : 벤 판 베르켈, 캐롤라인 보스

BMW 박물관
Bayerische Motoren Werke Museum

BMW의 역사와 미래를 한눈에 살펴볼 수 있는 박물관이다. 자동차의
엔진 모양을 본떠서 만들어진 박물관은 신축 공사를 하여 2008년
올림픽 타워 옆으로 이전했다. 새로운 건물에서 재개관한 이후
혁신적인 디자인의 건축물 또한 화제가 되고 있다. 나선형 통로를
따라 올라가면서 각 층에 있는 5개의 플랫폼에서 소장품을 감상하고
여러 전시물을 조작해볼 수 있다.

위치 : 독일 뮌헨
준공 : 2008년
건축가 : 칼 슈반처(Karl Schwanzer)

©Maximilian Dorrbecker

30

베를린 사진 산책과
귀국 프로젝트

베를린 생활을 시작한 지 얼마 되지 않았을 무렵, 한 장의 포스터 사진에 시선을 빼앗겼다. 거리 여기저기에 설치된 이상한 원통형 광고탑에 붙어 있는 포스터였다. 함부르거 반호프 현대미술관Hamburger Bahnhof Museum fur Gegenwart에서 개최 중인 토마스 스트루스Thomas Struth의 사진전 포스터로, 베를린의 관광 명소 중 한 곳인 페르가몬 박물관Pergamonmuseum을 관람 중인 관광객들을 찍은 사진이었다. 평범한 관광객들이 마치 고대의 시간 속으로 시간 여행을 떠난 듯, 페르가몬 박물관을 신비스러운 공간으로 훌륭히 잡아내고 있었다.

그의 사진전을 보기 위해 함부르거 반호프 현대미술관으로 향했다. '반호프'란 독일어로 '역'을 뜻하는 말이다. 스트루스의 사진전이 개최 중인 함부르거 반호프 현대미술관은 베를린에서 함부르거로 가는 열차 역을 재건한 건물이었다.

포스터로 쓰인 사진 속 피사체는 진짜로 일반 관광객들인 모양이었다. 너무나도 평범했던 나머지 이상한 이질감마저 느껴지는 사진이었다. 사진가란 3차원의 입체 공간을 사진이라는 2차원의 평면으로 표현하는 사람이다. 토마스 스트루스의 사진은 공간을 하나의 샘플 표본으로 담고 있다는 인상을 받았다. 파인더 바로 뒤에 있을 사진가의 기척이 지워져 있다고나 할까, 작가적 자아가 전혀 느껴지지 않는 사진이었다.

전시실에는 토마스 스트루스 외에도 안드레아스 거스키Andreas Gursky,

'페르가몬 제단'. 사진전의 포스터로 쓰인 사진의 배경이 되었던 곳이다.
페르가몬 박물관에서 꼭 봐야 할 곳이기도 하다.

볼프강 틸만스Wolfgang Tillmans, 베른트 베허Bernd Becher, 1931~2007와 힐라 베허Hilla Becher 부부의 사진도 전시 중이었다. 그들의 사진을 보면서 사진이 지닌 예술 표현의 다양성에 놀랐다. 그 이후, 베를린의 광고탑을 주의 깊게 살펴보기 시작했고 흥미로운 사진전 포스터를 보면 곧바로 전시장을 찾았다.

솔직히 말해 그전까지 나는 사진을 얕보고 있었다. 오랜 시간을 들여 한 장의 건물 스케치를 완성하는 것과는 달리, 건물 사진이란 카메라만 있으면 실로 간단하게 찍어낼 수 있는 것이라 생각했다. 또한 찰나의 시각에 의존해 '정확한 상像'을 획득할 수 있다는 것에 뭔가 부족함을 느끼기도 했다. 보는 행위를 통해 뇌에 전달되는 시그널, 즉 미세하게 움직이고 있는 안구가 포착한 영상이란 본래 불안정한 것인데도 카메라는 고정된 어느 한 시점밖에 가질 수 없기 때문이다.

거칠게 말하면, 사진 속에는 시간이 존재하지 않는다고까지 생각했다. 아날로그적인 스케치에 더욱 집중한 것도 그런 이유 때문이었다. 스케치로 완성한 건물 그림은 그것을 찍은 사진에 비해 부정확한 모사일지 모른다. 그러나 적어도 스케치는 긴 시간 건물 앞에 앉아 관찰한 결과물인 까닭에, 그 시간만큼 건물에 대해 깊이 생각한 내용이 담겨 있다고 할 수 있다. 즉 스케치를 하는 시간에는 대상을 해석하는 고요한 시간이 내포되어 있다. 그래서 나는 스케치가 좋았다. 긴 시간을 들여 대상을 바라보고 있으면 마치 눈으로 그것을 만지고 있는 것 같은 느낌이 들었다. 그리고 결과물로 완성된 그림을 보면, 시간을 포함하고 있는 어떤 대상을 그려냈다는 보람 같은 것도 느꼈다.

그러나 토마스 슈트루스의 사진전을 본 후, 사진에 대해 그리 간단하게 이야기할 수 없을지도 모른다는 생각이 들기 시작했다. 그리고 사진에 깊은 흥미를 갖게 되었다. 전쟁사진가로 유명한 로버트 카파Robert Capa, 1913~1954, 20세기 초 파리의 풍경을 촬영했던 으젠느 앗제Jean Eugene Auguest Atget, 1857~1927, 식물을 접사로 촬영한 칼 블로스펠트Karl Blossfeldt, 1865~1932, 인물사진의 거장이었던 아우구스트 잔더August Sander, 1876~1964 등 여러 작가의 사진전을 보러 다니곤 했다.

저명한 독일인 사진가 헬무트 뉴튼Helmut Newton,1920~2004의 사진 전용 미술관, 수준 높은 사진전을 다수 기획하는 전시관 마틴 그로피우스 바우Martin-Gropius-Bau 등 베를린에는 사진을 접할 수 있는 전시장이 많았다. 또한 베를린 사람들 역시 사진에 대한 의식과 이해 능력이 상당히

홀라이플렉스로
찍은 베를린.
밀착인화해서 보면
마치 연속 사진인 듯
보는 재미가 있다.

뛰어났다. 거리의 작은 화랑에서도 자주 사진전이 열렸고, 무명 사진가
의 사진전에도 많은 사람이 북적댔다. 베를린은 멋진 사진과 자주 만날
수 있는 도시였다.

　　베를린에서 유년기를 보낸 발터 벤야민Walter Benjamin, 1892~1940은
『사진의 작은 역사Kleine Geschichte der Photographie』를 통해 "19세기가 탄생
시킨 가장 훌륭하고 가장 중요한 이 발명을 통해 사진은 세계를 바라보
는 인공의 눈이 되었다. 어떠한 혁명도 그 인공의 눈에서 시력을 빼앗
지 못하며, 어떠한 죽음도 그 눈을 감게 할 수 없다"라고 말하고 있는데,
그 의견에 정말 동감한다.

　　언제부터인지는 모르겠지만 나도 사진을 찍고 싶어졌다. 예전에
는 한순간의 영상을 필름에 새겨 넣는 사진의 복제기술을 두고 '시간이
존재하지 않는 매체'라 생각했다. 그러나 어느 사이엔가 '시간을 가둘

수 있는 매체'로 생각이 바뀌었다.

또한 '지금, 여기'를 가능한 한 많이 기록하고 싶은 마음에 적극적으로 사진을 찍게 됐다. 내 20대 후반, 베를린에서의 특별한 시간을 말이다. 그네가 있는 마우어 파크에서 열리는 벼룩시장에서 카메라도 샀다. 이왕 할 거면 처음부터 제대로 도전하자는 생각에 낡은 롤라이플렉스Rolleiflex 중고 카메라로 골랐다. 필름 교환 방식과 셔터 소리가 어찌나 빈티지하던지 본 순간 사랑에 빠지고 말았다.

주말에 잠시 짬을 내 카메라를 들고 거리로 나가고는 했다. 항상 보던 풍경인데도 카메라가 있다는 것만으로 어딘가 다르게 다가오니 참 신기한 일이었다. 카메라로 사진을 찍는 행위가 내 무의식 속에 숨어 있던 또 다른 시각을 열어준 것 같았다. 신체가 반응하는 대상을 향해 렌즈들 들이댔고, 반복해 셔터를 눌렀다.

이렇듯 목적 없는 사진 산책의 시간은 매일매일의 설계업무가 주는 스트레스로부터 나를 해방시켜주었다. 때로는 힘든 결단을 내려야 하는 설계의 중압감을 떨쳐낼 수 있었던 것도 그 덕분이었다. 사진가 친구에게 노출계와 렌즈를 물려받기도 했고, 피사계 심도 등 전문적인 기술에 대해 배우기도 했다. 짬 날 때마다 어슬렁어슬렁 베를린 거리를 산책하며 사진을 찍는 게 정말 좋았다.

베를린에서 나는 여유로운 시간이 얼마나 중요한지 체감했다. 일본에 살 때는 생각지도 못했던 클래식 콘서트에 가기도 했고, 무용과 연극도 보러 다녔다. 마라톤을 시작했고 사진 산책도 하게 됐다. 나는 베를린에 살면서 자발적으로 새로운 것에 도전해볼 수 있었고, 그것을 통해 내 자신의 세계를 조금씩 확장할 수 있었다.

베를린 생활이 4년째로 접어들 무렵, 설계사무소 대표 마티아스와 면담을 하였다. 1년에 한 번씩 하는 면담으로, 작업 내용이나 급여에 대한 이야기를 주로 하는 자리였지만 나는 과감하게 다른 이야기를 꺼냈다. '내년에 일본으로 귀국할 예정이다. 처음부터 4년 계획으로 유럽 생활을 시작하기도 했고, 자우어브루흐 허턴 아키텍츠에서 일을 하는 동안 내 설계사무소를 이끌어가고 싶다는 생각이 강해졌다'고 솔직한 생각을 전했다. 그러자 마티아스는 '지금 하는 프로젝트가 어느 단계까지 마무리되면 일본에 돌아갈 좋은 타이밍이 될 것'이라며 내 생각을 이해해주었다.

그때부터 베를린 생활을 어떻게 매듭짓는 게 좋을지 생각하기 시작했다. 당시 스물여덟이었던 나는 베를린에서의 4년이라는 귀중한 체험을 '나다운 어떤 것'으로 만들어내고 싶었다. 고민에 고민을 거듭했다. 그 결과 두 가지 아이디어가 떠올랐다.

그 하나는 내가 그린 스케치로 전시회를 여는 일이었다. 내가 베를린으로 온 것은 대학 시절 다니던 여행의 연장선이었고, 그 밑바탕에는 유럽에 대한 강한 동경이 숨어 있었다. 이런 내 마음을 한 장의 그림으로 표현해낼 수 없을까 하는 생각에 화방에 들러 일단 큰 종이를 샀다. 생각하기 전에 손을 먼저 움직여야 하는 법. 제일 먼저 지평선을 한 줄 그렸다. 그리고 예전 여행의 스케치북을 보며 유럽의 거리를 조합해 그려가기 시작했다. 그렇게 한 장의 그림이 탄생했다. 과거에 그렸던 스케치를 재편집해 새로 그린 그림이었다. 그다음에는 시간축을 달리해 미래 도시의 가능성, 아직 본 적 없는 가공의 세계인 '환상도시 풍경'을 그렸다. 그 후 1년 가까운 시간에 걸쳐, 지평선 상에서 연결된 스물 두 장의 드로잉을 완성했다.

한참 연작을 그리던 중, 작품을 들고 미테^{Mitte} 지구의 몇몇 화랑에 무작정 찾아갔다. 개인전을 열 수 있는지 문의해봤지만 단칼에 거절당했다. 당연한 일이었다. 팔 것도 아니고 그저 발표를 목적으로 하는 개인전이었으니까. 아티스트도 아닌 내 그림을 갤러리에 전시하기란 불가능했다. 부탁한다고 될 일도 아니었다. 거의 포기할 무렵, 내 그림을 마음에 들어 한 어느 화랑 주인이 이런 말을 했다.

"팔 수 없는 그림을 우리 갤러리에서 전시할 수는 없지만, 전시할 공간을 소개해줄 순 있어요. 내 친구 중에 변호사가 있는데, 로비와 회의실 벽을 전시 공간으로 쓰고 있죠. 그 친구를 소개해줄게요."

다양한 건축이 수직으로
자유롭게 쌓여 탑처럼
높아지는 '환상 도시 풍경'

그렇게 해서 결국 2007년 말, 베를린 크로이츠베르크Kreuzberg 지구의 어느 변호사 사무실 전시 공간에서 꿈에 그리던 내 인생 첫 개인전 〈Connected Borders〉를 열 수 있게 됐다. 일본 귀국 직전의 일이었다.

귀국 프로젝트의 두 번째는 인터뷰였다. 베를린에서 새롭게 흥미를 가진 예술 분야의, 내게 커다란 영향을 줬던 여러 예술가들을 직접 만나러 간다는 기획이었다. 이름 하여 'Borderless Dialogues'. 너무나도 무모한 기획이라는 걸 잘 알고 있었지만 이번에도 일단 편지부터 보냈다. 영화감독 빔 벤더스, 설치 미술가 올라퍼 엘리아슨, 지휘자 사이먼 래틀Simon Denis Rattle, 베를린 필하모닉 오케스트라의 비올라 연주자 시미즈 나오코清水直子, 현대무용 연출가 자샤 발츠 등 베를린에 거주 중인 열 명의 예술가에게 편지를 보냈다.

자기소개부터 시작해 '일본에 돌아가기 전, 내가 가장 존경하는 당신과 만나 이야기를 나눠보고 싶다'고 직접적으로 인터뷰를 요청한 편지였다. 물론 내게 특별한 연줄 같은 게 있을 리 없으니, 언제나 그랬듯 좌우간 부딪쳐보는 작전이었다. 뭐든 해보지 않으면 모르는 거니까. 해야겠다는 생각이 들면 행동하지 않고는 못 배기는 성격이라, 일단 주소부터 찾아 10통의 편지를 써서 각 예술가 앞으로 보냈다. 그리고 세 명의 예술가로부터 승낙을 받을 수 있었다.

무대미술가 베르트 노이만, 사진가 토마스 데만트Thomas Demand, 소설가 다와다 요코多和田葉子 씨가 인터뷰 요청을 수락해주었다. 미디어에 발표할 예정도 없는 개인적인 인터뷰 요청인데도 말이다.

인터뷰는 그들의 작업실에서 진행했다. 당돌하게도 편지에 '당신

CONNECTE

30.II.2007 - 3.02.2008

ZUKUNFTSPARTNER
WIENER STRASSE 20 I0999 BERLIN

BORDERS

YUSUKE KOSHIMA

'Borderless Dialogues'를 통해 만났던 세 예술가.
위에서부터 베르트 노이만, 토마스 데만트, 다와다 요코

이 창작하는 현장, 즉 당신의 일터에서 인터뷰를 하고 싶다'고 썼기 때문이었다. 베르트 노이만과는 폴크스뷔네 꼭대기 층에 있던 무대미술 디자인실에서 만나 '연기와 무대미술'에 대한 이야기를 나눴고, 토마스 데만트와는 함부르거 반호프 현대미술관 근처에 있던 그의 아틀리에에서 '사진, 실물과 가상'에 대해, 다와다 요코와는 사방이 책으로 가득한 자택 서재에서 '문학과 해외생활'에 대한 이야기를 나눴다.

열 명에게 편지를 보내 세 명과 만날 수 있었다는 건 정말 기적 같은 일이었다. 3할대 타율은 프로 야구선수 중에서도 최상급 레벨이니까. 꽉 채운 2시간 동안, 그들의 작업 방식과 열의에 대한 귀중한 이야기를 들었다. 나로서는 정말 큰 수확이었다. 이 귀중한 인터뷰를 제대로 된 기사로 정리해 어딘가에 게재하지 못하고 있다는 게 못내 아쉽다. 하지만 언젠가는 발표할 수 있길 바라고 있다. 그 귀중한 이야기를 많은 사람이 읽을 수 있도록 말이다.

*

유럽의 설계사무소에서 일하고 싶다는 꿈을 꿨다. 그래서 베를린 땅을 밟았고, 4년간 건축가로 일하는 동안 멋진 친구도 여럿 만났고 많은 것을 얻을 수 있었다. 물론 설계나 제도 기술도 몸에 붙었다. 하지만 그보다는 건축을 어떻게 대해야 하는지, 건축이란 게 얼마나 복합적인 것인지, 또 얼마나 즐거운 것인지에 대해 배운 시간이었다고 생각한다. 사람과 사람 사이의 커뮤니케이션이란 게 어떤 것인지, 견실하게 쌓아간 교섭이 무엇을 만들어내는지와 같은 것들도 알게 됐다. 독일 1급 건축사 시험에도 통과했다.

건축 일과는 별도로 두 가지 귀국 프로젝트도 감행했다. 그림을 그려 〈Connected Borders〉라는 개인전을 열었고, 만나고 싶은 사람과 만나 'Borderless Dialogues'라는 제목의 인터뷰도 했다.

'여행의 기억'에서부터 '가공의 환상도시 풍경'을 하나의 지평선으로 연결한 프로젝트, 경계를 넘어 서로 다른 분야의 사람들과 대화하는 프로젝트는 베를린이라는 매력적인 도시에서 배웠던 '자유의 소중함', 서로 달라도 괜찮다고 하는 '관대함'에 대한 나름대로의 보답이기도 했다. 서로 배타적인 것을 한자리에 모으고 그것들을 대화하게 만드는 다양성의 실현. 이는 건축가로서 홀로서기를 준비하던 내게 '출사표'와도 같은 것이었다. 다양성이 지닌 힘을 믿고, 홀로 선 건축가로서의 새로운 실천을 목표로 잡았다. 그렇게 일본으로의 귀국을 다짐했다.

정들면 고향이라는 말처럼, 4년이나 살았던 베를린은 정말 편안하고 쾌적한 곳이었다. 안전하고 물가도 쌌다. 미술관과 극장이 많은 문화의 도시였고, 무엇보다 다양한 사람이 모여 사는 곳이었기에 즐거움이 넘쳤다. 직업적인 면에서도 순조로웠고 친구도 늘었다. 마음에 드는 곳도 잔뜩 발견했다. 어릴 때처럼 가족과 함께였던 것도 아니고 학생 신분도 아니었다. 내 스스로 일을 찾아 발 디딘 타국의 땅. 그곳의 다른 관습과 문화를 직접 접했던 지난 4년은 늘 신선한 자극으로 가득했다. 그야말로 '날마다 여행'이었다. 하늘이 넓다고, 달이 예쁘다고 느낄 수 있는 여유도 만끽했다.

이렇듯 내가 확실한 성취감을 얻을 수 있었던 데에는 '절대적 고독'이라는 해외생활의 깊은 어둠이 언제나 함께했기 때문이라고 생각한다. 결국 의지할 곳은 나밖에 없다는 깊은 고독 속에서 일상의 충실함은 더욱 강한 빛을 발하기 때문이다. 다짜고짜 직진했던 베를린에서의 생활. 시간은 순식간에 흘렀다. 새로운 나를 발견하기도 했다. 베를린에 오자마자 샀던 글렌 굴드 변주곡 중 강렬한 데뷔작보다는 차분한 멜로디의 마지막 녹음을 어느새 더 좋아하게 됐다. 사람은 천천히 변해가게 마련이다. 삶은 곧 천천히 성숙해가는 과정이라고 믿고 싶다.

어느 순간 나는 베를린을 '내 집'이라고 생각하게 됐다. 고독과 불안도 조금씩 해소되어갔다. 베를린이 제2의 고향이라도 된 것 같아 기쁘기도 했지만, 그와 동시에 내 속에서 '다음 스테이지'로 향한 변화를 꿈꾸는 마음이 싹트기 시작했음을 알 수 있었다. 새로운 도전이 필요했다. 내가 열어야 할 다음 문은 '건축가로서의 독립'이었다.

너무 많은 것을 얻었던 4년 동안의 베를린 생활도 그렇게 천천히 막을 내리고 있었다.

4년간 살았던 베를린의 자취방

다시, 여행을 준비하며

모든 것이 파괴되고 있는 듯 보인다.

또한 동시에 모든 것이 건설되고 있는 듯 보인다.

엄청난 움직임이다.

_ 나쓰메 소세키夏目金之助, 『산시로三四郎』 중에서

나쓰메 소세키는 소설 속 주인공 산시로가 도쿄 대학에 합격하여 기차를 타고 도쿄에 상경한 후 처음 느낀 놀라움을 '움직임'이라는 단어로 그려내고 있다.

나쓰메 소세키는 젊은 날 런던에서 유학생활을 했던 사람이다. 아마도 그때 봤던 런던의 인상이 산시로가 도쿄에서 느꼈던 '움직임'이라는 말에 함축된 것이리라. 나도 산시로와 마찬가지였다. 도시가 품고 있는 에너지에 매료되었고, 건축에 대한 정열이 끓어올랐으며, 여러 도시로 향하는 여행을 계획하고는 했다.

대학 수업 때의 슬라이드나 책 속에서 봤던 멋진 사진만으로는 도저히 건축에 대해 다 알 수가 없었다. 어려운 이론서도 읽어봤지만 모더니즘이 어떤 건지 이해할 수 없었다. 어떤 환경에서 그 건축이 세워졌는지, 그곳에서 사람들은 어떤 삶을 살고 있는지, '공간'이 건축의 벽과 천장을 의미하는 것인지 아니면 벽과 천장 같은 구성 부위 말고 그것들 사이에 존재하는 공간을 말하는 건지, 도통 의문만 끓어올랐다. 그러다가 '아름다움이란 무엇인가'라는 근원적인 궁금증마저 생기기 시작했다.

스무 살 언저리를 서성이던 나는 주제넘게 이런 생각까지 했다. 내 눈으로 직접 확인해보지 않으면 그 질문들을 푸는 과정을 시작조차 할 수 없으리라. 21세기 밀레니엄을 맞아 새로 시작될 100년을 두고 전 세계가 들썩이던 무렵이었다.

비교적 어릴 때부터 건축가를 꿈꿨던 나는 그 꿈을 이루는 방법에 대해 계속 생각해오고 있었다. 그러던 어느 날, 최고의 건축 공간에서 내 모든 오감을 풀어놓는 것이 가장 빠른 길이 아닐까 하는 생각이 들었다. 그렇게 내 몸 속에 건축의 아름다움을 비축해간다면 언젠가 분명 매력적인 건축을 만들어낼 수 있으리라고 말이다.

클로드 글라스Claude glass라는 게 있다. 18세기의 아마추어 화가들이 그림을 그릴 때 사용하던 것으로, 검은 손거울처럼 생긴 물건이다. 런던의 빅토리아 알버트 박물관Victoria and Albert Museum에서 그 실물을 본 적이 있다. 18세기 화가들은 그들의 눈앞에 펼쳐져 있는 풍경이 아니라 클로드 글라스의 볼록면 거울에 비친 풍경을 보고 그림을 그렸다고 한

다. (즉 화가는 실제 풍경을 등지고 그림을 그리게 된다.) 그렇게 해야만 17세기에 활약했던 프랑스의 풍경화가 클로드 로랭Claude Lorrain, 1600~1682(클로드 글라스라는 명칭은 그의 이름에서 유래되었다)의 그림처럼 아름다운 풍경화를 그릴 수 있다고 믿어 의심치 않았던 모양이었다. 진짜 풍경이 아닌 허상을 보며 그림을 그렸다고 하니 어딘가 익살스럽기도 하지만 아주 조금은 왜 그랬는지 알 것 같기도 했다.

뭔가를 볼 때도 그렇고 생각할 때도 그렇지만, 원래 인간이란 어떤 틀이 주어지지 않으면 불안해하는 존재다. 당시의 아마추어 화가나 여행자들이 다들 클로드 글라스를 지참하고 있었던 것은 눈앞의 풍경을 프레임 속에 담아 보는 과정을 통해 '틀 안에 들어가 있는 확실한 아름다움'을 느껴보고 싶었기 때문이었으리라. 생각해보니 나도 그랬다. 수많은 여행을 통해 나만의 건축을 위한 클로드 글라스를 손에 넣고 싶었던 건지도 모르겠다. 엄밀히 말해, 내 건축관의 밑바탕을 다지기 위해 아름다움을 받아들이는 나만의 척도가 필요했던 것이다. 내 젊은 감성을 끝까지 갈고닦고 싶었다.

한 번의 여행으로 세 번의 여행이 가능하다는 걸 깨달은 것도 그 무렵이었다. 여행을 떠나고 싶게 만드는 어떤 계기가 생기면 여행지의 정보 수집부터 시작하게 된다. 이렇듯 여행 계획을 세우는 단계부터 이미 머릿속에서 첫 여행은 출발한 셈이다. 두 번째 여행은 실제의 땅을 밟는 현실의 여행이다. 그리고 세 번째 여행은 여행을 마치고 돌아온 후 되돌려보는 이른바 '추억 여행'이다.

첫 번째 여행은 아직 본 적 없는 곳을 상상해보는 즐거운 시간이고, 두 번째 여행은 무엇과도 바꿀 수 없는 진정한 여행이며, 세 번째 여행은 스케치북과 사진을 통해 추억을 훑으며 여행에서의 체험을 기억 속에 정착시키는 여행이다.

어느 것 할 것 없이, 세 여행은 모두 소중하다. 그리고 서로 깊은 관계를 맺고 있다. 좋은 계기는 멋진 여행을 가능케 하고, 멋진 여행은 행복한 추억 여행을 떠나게 만들고 결국 새로운 여행을 기약하게 하기 때문이다. 그렇게 나는 한 번의 여행을 통해 '세 번의 여행'을 계속해왔다.

대학원을 졸업하고 건축가로 일하기 시작한 베를린도 여행의 연장선상에 있던 곳이다. 학교가 끝난 방과 후 시간, 어릴 적부터 그 시간이 참 좋았다. 친구와 야구도 하고 비밀기지도 만들고, 아무튼 어두워질 때까지 밖에서 실컷 놀았다. 베를린에서 보낸 4년이라는 시간은, 내게 있어 방과 후 시간과도 같이 아스라하고도 특별한 시간이었다. 또한 그 기간은 건축가로 독립하기 위한 도움닫기 기간이기도 했다. 그 도움닫기 기간 동안 여행을 통해 다양한 세계와 만났고, '세계는 넓고도 좁다'는 교훈을 얻었다.

내게 여행과 스케치는 떼려야 뗄 수 없는 것이다.
첫 배낭여행부터 스케치북은 내 여행의 동반자였다.
(이때 그렸던 것이 45쪽의 스케치)

지구가 얼마나 크고 넓은 곳인지 때로는 할 말을 잃을 정도로 압도되기도 했지만, 멀리 떨어진 포르투갈의 변방 도시에서 사람들의 온기를 느끼면 마치 고향처럼 편안했다. 여행은 나를 향해 언제나 새로운 문을 열어주었고, 좁았던 시야를 조금씩 넓혀주었다. 내 방과 후 시간에 늘 흐르던 감정은 '앞으로 어떤 일이 일어날지 모른다'는 기대감이었다.

여행 중 내가 보고자 했던 것은 건축의 겉모양이 아닌, 그 형태 너머에 있는 것이었다. 건축에서 받았던 감동, 그 수많은 편린들을 가슴에 품으며 마음의 눈으로 건축을 보려 했다. 설계자로서 건축을 만들어내기 위해 '공간이란 무엇인가'라는 근본적인 물음에 대한 나름대로의 생각을 갖고 싶었다. 확실한 윤곽이 아니어도 괜찮았다. 클로드 글라스를 통해 어렴풋이 비치는 영상처럼, 뭐라도 잡고 싶었던 건지도 몰랐다.

그리고 여행은 그 기대에 부응해주었다. 압도적으로 농밀한 공간 속, 그것을 설계한 이와 나누는 가공의 대화는 지극히 행복했다. 그런 의미에서 나는 르코르뷔지에와도 가우디와도 이야기를 나누었다. 이런 망상의 시간이야말로 건축의 매력을 내 몸 깊이 각인하는 시간이었다. 말하자면 나선계단을 천천히 올라가는 방식으로 그 중심에 있을 건축의 매력에 대해 생각해갔던 것이다. 그리고 그 순간의 숨결을 언어로 표현하고 싶었다. 글을 써서 그때 느꼈던 환희를 생생하고 구체적으로 남기고 싶었다. 그런 생각으로 이 책을 써내려갔다.

그렇게 조금씩 여행 경험에 살을 붙여가는 작업은 나만의 지도를 만들어가는 과정이기도 했다. 언어를 통하자 비로소, 그전까지는 형태가 없던 것의 전체적인 모습이 드러나기 시작했다. 글을 쓴다는 건 마음 깊은 곳 한 귀퉁이에 가라앉아 있던 보물을 정성껏 퍼 올리는 작업이었다. 이 책은 작은 기억의 편린들이 속삭이는 목소리에 귀를 기울이며, 그것을 이어 붙여 만들어낸 첫 이야기이다.

이 책을 쓰면서 나는 꿈에 부풀었던 20대의 체험 속으로 '세 번째 여행'을 다녀왔다. 이 여행을 마친 지금 나는 추억으로 가득한 그곳을 다시 찾는 '네 번째 여행'을 떠나고 싶은 설렘으로 가득하다.

이 책을 마지막까지 읽어주신 독자 여러분께 감사를 표한다. 내가 품었던 미지의 세계에 대한 욕구가 조금이나마 독자들에게 전달되고 공유되길 바라며, 미력하나마 아직 보지 못한 새로운 세계를 향한 문을 열 수 있는 계기가 된다면 더욱 영광이겠다.

이 책에 등장했던, 지구 여기저기의 내 친구들에게도 감사의 마음을 전하고 싶다. 그들 덕분에 내 여행은 잊을 수 없는 특별한 여행이 될 수 있었다. 나의 네 번째 여행은 그들을 다시 찾는 여행으로 시작하고 싶다. 내 책과 함께 각국의 언어로 번역되어 있는 무라카미 하루키의 『1Q84』를 들고서 말이다.

도판 출처

〈Architecture Note〉에 실린 사진의 출처는 다음과 같습니다.

22쪽 위 ©Eichental (CC BY-ND)

22쪽 아래 ©Kindrob (CC BY)

22쪽 위 ©Wolfsraum (CC BY-SA)

23쪽 아래 © GerardM (CC BY-SA)

58쪽 위 ©Andrzej Barabasz (CC BY-SA)

58쪽 아래 ©Andreas Praefcke (CC BY)

59쪽 위 ©Andrew Bossi (CC-BY-SA)

59쪽 가운데 ©Briséis (CC-BY-SA)

59쪽 아래 ©Georges Jansoone (CC-BY-SA)

71쪽 위 ©Manfred Bruckels (public domain)

71쪽 아래 ©Rainer Luck (CC BY-SA)

94쪽 위 ©Keith Yahl (CC BY-SA)

94쪽 아래 ©Ludmiła Pilecka (CC BY)

95쪽 위 ©Jerzy Strzelecki (CC BY)

95쪽 아래 ©Bert Kaufmann (CC BY-SA)

106쪽 위 ©Jensens (public domain)

106쪽 아래 ©Welleschik (CC BY-SA)

107쪽 위 ©Benson Kua (CC BY-SA)

107쪽 아래 ©Croberto68 (public domain)

121쪽 위 ©Jakub Hałun (CC BY-SA)

121쪽 아래 ©Forgemind ArchiMedia (CC BY)

146쪽 위 ©Valueyou (CC BY-SA)

146쪽 아래 ©colros (CC BY)

147쪽 위 ©aurelien (CC BY-SA)

147쪽 아래 ©steve.wilde (CC BY-ND)

160쪽 위 ©Year of the dragon (CC BY-SA)

160쪽 아래 ©Sergi Larripa (CC BY-SA)

161쪽 위 ©Guillaume Cattiaux (CC BY-SA)

161쪽 아래 ©BenFrantzDale (CC BY-SA)

183쪽 위 ©Brian Snelson (CC BY)

183쪽 아래 ©Luis Garcia (CC BY-SA)

203쪽 위 ©Rodrigo de Almeida (CC BY)

청춘, 유럽건축에 도전하다
33인 거장들과의 좌충우돌 분투기

1판 1쇄 발행 | 2014년 5월 2일
1판 2쇄 발행 | 2015년 2월 5일

지은이 고시마 유스케
옮긴이 정영희

펴낸이 송영만
디자인 자문 최웅림

펴낸곳 효형출판
출판등록 1994년 9월 16일 제406-2003-031호
주소 413-756 경기도 파주시 회동길 125-11(파주출판도시)
전자우편 info@hyohyung.co.kr
홈페이지 www.hyohyung.co.kr
전화 031 955 7600 | **팩스** 031 955 7610

ISBN 978-89-5872-127-7 03540

값 18,000원

이 도서의 국립중앙도서관 출판시도서목록(CIP)은 서지정보유통지원시스템 홈페이지
(http://seoji.nl.go.kr)와 국가자료공동목록시스템(http://www.nl.go.kr/kolisnet)에서
이용하실 수 있습니다.(CIP제어번호: CIP2014011066)